DEL LOBO AL PERRO

Colección: Mascotas
Primera edición: noviembre de 2022

www.editorialpinolia.es
editorial@editorialpinolia.es

Diseño cubierta: Alvaro Fuster-Fabra

Depósito legal: M-22030-2022
ISBN: 978-84-18965-56-2

Impresión: QP Quality Print Gestión y Producción Gráfica S.L.

Printed in Spain - Impreso en España

DEL LOBO AL PERRO

ORIGEN Y EVOLUCIÓN DEL MEJOR AMIGO DEL HOMBRE

Coordinado por
EUGENIO MANUEL FERNÁNDEZ AGUILAR

Pinolia

SHUTTERSTOCK

UNA AMISTAD ETERNA

La afirmación de que el perro es el mejor amigo del ser humano está en la base de este libro. Todos los autores de esta obra, versados conocedores del mundo canino, aman a los animales y, en concreto, al perro.

¿Cómo surgió este animal que tanto nos enseña y nos regala en nuestro día a día? Aunque existe cierta controversia en torno a su origen, en este libro encontrarás toda una puesta a punto al respecto. Por una parte, los estudios más recientes afirman que el perro surgió hace unos treinta y tres mil años en el sureste asiático y que procede de lobos salvajes. Sostienen que hace quince mil años, una población de estos migró hacia Oriente Medio, África y Europa, a esta última hace tan solo diez mil. Por otra, los estudios más conservadores apoyan que procede de lobos que los cazadores-recolectores europeos comenzaron a domesticar hace entre treinta y dos mil cien años y dieciocho mil ochocientos años.

Sea como fuere, estamos ante el animal que por antonomasia se relaciona con la evolución misma del ser humano, tanto es así que podríamos decir que su domesticación es sinónimo de nuestra civilización. Si miramos atrás, ¿cómo fue aquella? ¿Cómo se desarrolló? ¿Cuál es la mejor nutrición para él?

Y, si miramos al presente, ¿qué funciones desempeña el perro en nuestra sociedad hoy? ¿En qué nos ayuda el perro?

Estas preguntas hallan en esta obra colectiva su respuesta, una respuesta que —probablemente— origine nuevas interrogaciones, dado que —como nuestro mundo— el del perro está en constante evolución.

EUGENIO MANUEL FERNÁNDEZ AGUILAR

ÍNDICE

Origen y domesticación del perro

MARIO GARCÍA BARTUAL
Antropólogo

El zooarqueólogo especialista en perros Darcey Morey afirma que la mayor prueba de la importancia social y afectiva que tienen nuestros peludos amigos radica en cómo deliberadamente les damos sepultura. Y aunque actualmente hay numerosos cementerios caninos, se trata de una vieja historia de amor. Un ejemplo es Ascalón, un yacimiento de Israel fechado entre 2500 y 2200 años antes del presente (abreviado AP; siendo el presente el año 1950), en el que se enterraron más de mil perros en fosas individuales en una serie de terrazas que anteriormente habían sido ocupadas por un gran almacén con vistas al mar. En la región de Cis-Baikal, en Siberia Oriental, también se hizo lo mismo, en ocasiones se colocaron dentro de tumbas humanas durante el Neolítico temprano (8000-7000 a. C.) y a principios de la Edad del Bronce (5000-3400 a. C.).

A la vista de estas fechas, durante mucho tiempo se creyó que su origen y domesticación tuvo lugar al comienzo de las prácticas agrícolas del Neolítico, de forma paralela a la de otros animales como la cabra o el cerdo. La idea provenía de dos trabajos fundamentales, escritos en 1981 y 1983 por Andrew Sherratt, en los que proponía que la principal razón para domesticar animales era proporcionar seguridad alimentaria. En caso de que vinieran malas cosechas, las reses podían comerse (incluidos los perros) y asegurar la supervivencia. Según

ASC

Fósil de perro en Siberia. En el lago Cis-Baikal se encontraron los esqueletos de perros de entre 8 000 y 5 000 años enterrados junto a restos humanos.

Sherratt, solo de forma ulterior y paulatinamente, se explotaron sistemáticamente los otros productos secundarios como la leche, lana o la tracción de cargas. Los basureros neolíticos habrían atraído lobos a las zonas de asentamiento dando comienzo a las primeras interacciones con personas. Los menos temerosos y agresivos se habituarían y adaptarían a nuestro entorno. Poco a poco, generación tras generación, los primeros perros primitivos surgieron de este grupo más amigable y dócil. Con los avances en secuenciación de ADN mitocondrial (ADNmt) se comenzó a estudiar los haplotipos (variaciones distintivas en el ADNmt) de perros actuales. Lo que se busca con ello es emparejar aquellos que compartan los mismos haplotipos. Cada uno con sus peculiaridades y diferencias. Ya en 2002, un equipo de investigadores liderado por Peter Savolainen agrupó los haplotipos mitocondriales de seiscientos cuarenta y cinco perros domésticos, lo cual era una muestra relativamente pequeña. Los datos sugerían que sus orígenes residían en el este de Asia, probablemente en China. En 2010,

BOSINSKI

Durante un tiempo se creyó que la domesticación tuvo lugar al comienzo de las prácticas agrícolas del Neolítico, de forma paralela a la de otros animales como la cabra o el cerdo.

otro equipo encabezado por Bridgett M. vonHoldt publicó el análisis del reparto de haplotipos en 48 000 perros. La muestra, mucho mayor, indicaba que el origen no estaba en China, sino en Oriente Medio o en Europa.

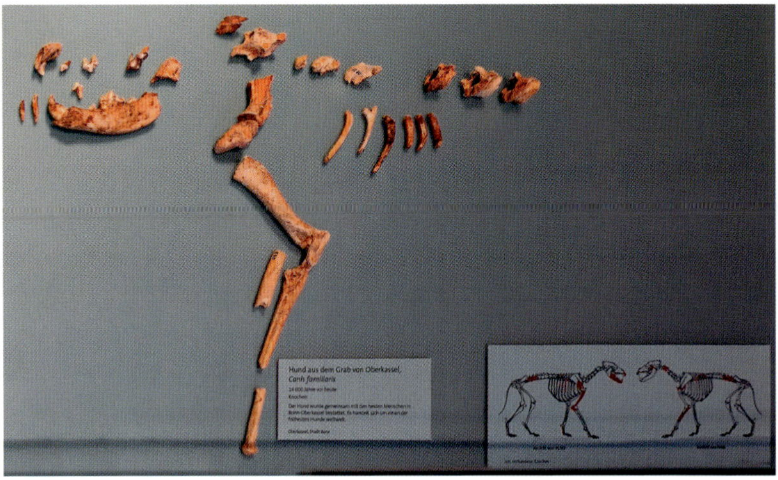

DON HITCHCOCK

Fragmentos del esqueleto de un perro enterrado junto a dos humanos, encontrado en el yacimiento de Bonn-Oberkassel, Alemania.

YACIMIENTO DE BONN-OBERKASSEL

Eurasia empezaba a sonar como un lugar prometedor. Un ejemplo es el yacimiento alemán de Bonn-Oberkassel donde se recuperaron restos de un perro que acompañaba un doble enterramiento de mujer y hombre. Además, las nuevas dataciones arrojan una edad de 14 000 años cal. AP (años de calendario, antes del presente) para el enterramiento, lo que demuestra que es de finales del Paleolítico superior y anterior a los primeros asentamientos agrícolas. Yacimientos prehistóricos como el de Bonn-Oberkassel empezaban a cuestionar la domesticación durante el Neolítico, ¿Podría haber perros aún más antiguos?

Antes de responder, conviene hacer unas consideraciones anatómicas básicas. Los perros actuales se distinguen de los lobos porque las hileras de sus dientes suelen ser cortas, como apiñadas. Por el contrario, el hocico del lobo es más alargado y sus muelas carniceras (último premolar superior y el primer molar inferior) son más grandes. Teniendo en cuenta estas y otras peculiaridades morfológicas, la paleontóloga belga Mietje Germonpré y su equipo se propusieron obtener las proporciones óseas del cráneo que pudieran distinguir perros de lobos. Efectuaron mediciones anatómicas básicas en cráneos de lobos actuales, perros modernos de once razas y cinco perros prehistóricos (de yacimientos epigravetienses y mesolíticos europeos). A partir de ellas, determinaron las relaciones que expresaban las proporciones y la forma general de los cráneos. Ayudados por complejos métodos estadísticos usaron la muestra de referencia para identificar conjuntos de medidas que distinguieran un grupo de otro.

Ello les permitió crear nubes de puntos bien delimitadas mediante análisis de componentes principales. Los perros quedaron en su propia categoría de forma y había muy poco solapamiento de puntos con el grupo de los lobos cuando se representaban en una gráfica. Incluso aquellos con cráneos arcaicos (chow chows y huskies) o con hileras de dientes cortas o con hocicos más largos y parecidos al del lobo (pastor alemán) podían separarse estadísticamente con las medidas adecuadas. Tampoco acabó ningún lobo en la delimitación de los perros. Curiosamente, el área de distribución de los perros prehistóricos quedaba completamente fuera de lobos y perros, en una distante tierra de nadie.

La forma de los cráneos prehistóricos procedentes de yacimientos como Eliseevich I (del epigravetiense ruso, hace unos 13 990 años) o Senckenberg (mesolítico alemán) no se parecen en nada al de nuestros chuchos. Son una variedad totalmente diferente, podríamos incluso hablar de una especie biológica de perro que se perdió en el tiempo.

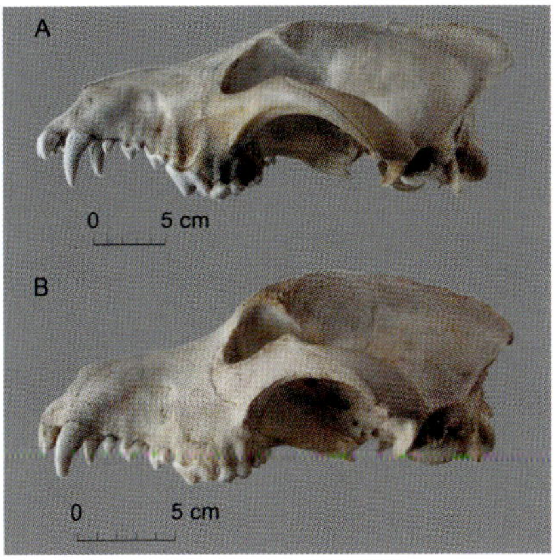

ALEXEI KASPAROV

Los perros actuales se distinguen de los lobos porque las hileras de sus dientes suelen ser cortas.

VARIAS HIPÓTESIS

Al ser la separación estadística tan buena, el equipo también la utilizó para once cráneos de grandes cánidos fósiles procedentes de antiguos yacimientos paleolíticos de Bélgica (Goyet, Trou des Nutons y tres localidades más), Ucrania (Mezhirich, Mezin) y Rusia (Yakutia y Avdeevo). Algunos problemáticos, con caracteres ambiguos. Los paleontólogos no se ponían de acuerdo de si se trataba de lobos peculiares o de perros incipientes. ¿En qué grupo encajarían?

El análisis discriminante lineal los colocó en el lugar más apropiado, dando un porcentaje de probabilidad de que la clasificación fuera correcta. Dos ejemplares, uno procedente de un megayacimiento de mamuts en Mezin y otro de Mezhirich, resultaron buenos candidatos a ser perros primitivos, con un 73 % y un 57 % de probabilidades, respectivamente. Otro, de gran tamaño, procedente de la cueva de Goyet, logró un 99 %. Los valores de Mezin, Mezhirich y Goyet, representados por tres puntos en la gráfica, se posicionaron entre lobos y perros prehistóricos, justo en el medio de ambos. No eran ni una cosa ni otra, sino mitad y mitad. Tal vez eso tenía sentido. Estaban en el espacio morfológico en el que cabría esperar que cayera un animal en proceso de evolución de lobo a perro. Aparentemente, todo parecía encajar, hasta que nos fijamos en la enorme antigüedad del ejemplar de Goyet que vivió hace la friolera de unos 36 000 años AP, a finales del Auriñaciense.

Antes de este estudio, se consideraba que una edad antigua, bien aceptada, para un perro prehistórico sería como máximo de 18 000 años y, más probablemente, de unos 14 000 años. ¿Sería posible que los humanos modernos tuvieran perros-lobos menos de 10 000 años después de su llegada a Eurasia? Otros trabajos científicos publicados a partir de 2010 también apoyan la hipótesis, incluyendo otro ejemplar de la cueva de Razboinichya, en las montañas de Altai, al sur de Siberia (Rusia) de 33 000 años cal. junto con especímenes de Předmostí, en la República Checa, que datan de 26 000 a 27 000 años AP.

Shah Isma'il y Ala al-Dawla (Dhu'l-qadr) observan cómo sus perros pelean entre sí y consideran la pelea como un presagio del resultado de su próxima batalla. Historia de Shah Ismail. Isfahán, Irán, *ca.* 1650.

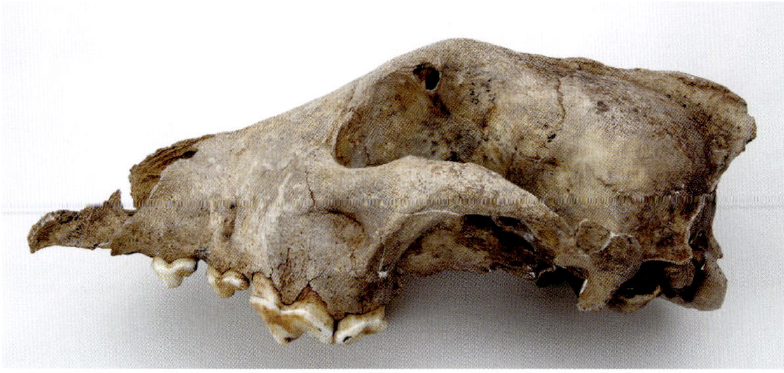

MIETJE GERMONPRÉ

Vista lateral del cráneo de un perro del Paleolítico encontrado en la cueva de Goyet (Bélgica) de aproximadamente 35 500 años de antigüedad.

ANTES DEL NEOLÍTICO

Encontrar cánidos domesticados de más de 30 000 años no tenía precedentes en paleontología. Era como algo loco y maravilloso imaginar los primeros humanos en Europa acompañados por incipientes perros con aspecto lobuno. Ambos harían una formidable pareja mientras se adentraban en los fríos territorios de los neandertales. Los perros, rudos y fuertes, ayudando en la caza y protegiendo las presas abatidas frente a otros depredadores. Pero no todo el mundo lo cree. Por ejemplo, la prehistoriadora francesa Myriam Boudadi-Maligne piensa que los hallazgos de Mietje Germonpré son problemáticos porque han tratado estadísticamente el tamaño de un cráneo como algo independiente de las características morfológicas de una población de cánidos fósiles, y eso puede generar errores de identificación. Asimismo, opina que los ejemplares de Předmostí y Razboinichya también presentan muchas dudas.

Dos recientes estudios paleogenéticos disipan, en parte, algunas incógnitas. En 2015, el equipo de Pontus Skoglund analizó el genoma de un lobo de 35 000 años de la península de Taimyr, en el norte de Siberia; y, en 2020, el equipo de Anders Bergström hizo lo mismo con el de veintisiete perros prehistóricos que llegan hasta los 11 000 años de antigüedad. Ambos coinciden en algo muy importante: los perros fueron domesticados mucho antes del Neolítico. Probablemente, hace unos 20 000 años, a finales del Último Máximo Glacial (una época de intenso frío global hace entre 20 000 y 26 500 años). Además, los perros y los lobos grises euroasiáticos actuales aparecen como grupos monofiléticos; es decir, cualquier perro está genéticamente más cerca de otro perro que de un lobo, y viceversa. Esto es muy relevante, porque indica que tuvieron un único origen, en Eurasia, a partir de un linaje de lobos que ya no existe.

En resumen, es posible que hubiese perros-lobos domesticados hace más de 30 000 años, pero solo fue un primer intento que no prosperó. Nuestros queridos compañeros provienen de una población de lobos extinguida, cuyos cachorros comenzaron a domesticarse hace unos 20 000 años, a diferencia del resto de las domesticaciones posteriores (ovejas, cabras, cerdos, etc.) que probablemente ocurrió durante el Neolítico y se produjo de forma independiente a partir de múltiples poblaciones locales salvajes. Por ejemplo, hay pruebas de que los cerdos fueron domesticados tanto en Anatolia como en China.

Cada vez que vemos un perro, contemplamos el primer animal que convivió y caminó a nuestro lado. Un carnívoro inteligente, leal y tan valioso que aparece en muchas tumbas como compañero en la otra vida.

¿Cómo han influido los perros en nuestra evolución?

PEDRO MORELL
Biólogo

GETTY

Hace más de 20 000 años, en algún lugar de Asia central, un grupo de lobos empezó a seguir a los humanos que vivían en su territorio, atraídos por las actividades de estos. Lo que pasó después, como suele decirse, es historia. Todos hemos visto el resultado de ese grupo inicial de lobos curiosos o desesperados. Los tenemos en nuestros campos, pastoreando y cuidando al ganado, cazando o simplemente viviendo en nuestras casas y compartiendo sus vidas con nosotros. Es indudable que hemos influido de formas muy diversas en la evolución de nuestros perros. Desde las diminutas razas *toy* hasta los enormes mastines, hemos moldeado a nuestros compañeros dependiendo de nuestras necesidades y aspiraciones estéticas.

Nuestra larga relación ha dado lugar no solo a cambios físicos, que son muy evidentes en la mayoría de los linajes y que aparecieron recientemente gracias a las modernas técnicas de cría y selección, sino también en cambios a nivel de comportamiento. Un requerimiento básico para que un animal pueda convivir estrechamente con otra especie es una reducción de su miedo hacia los humanos y de los conflictos con individuos que perciben como superiores (ya sea otros perros o humanos), así como un incremento en lo que se conoce como «comportamientos prosociales», como la facilidad para sociabilizar con miembros de otras familias (algo que para un lobo sería rarísimo) o extender los juegos hasta la edad adulta.

Una hipótesis que cada vez despierta más interés entre los investigadores que trabajan con la domesticación de esta y otras especies es la de que buena parte de estas diferencias podrían haber aparecido por «autodomesticación». Este proceso, en el que los animales adquieren las características típicas de un animal doméstico simplemente como adaptación a un entorno lleno de humanos en lugar de debido a una selección por nuestra parte, se cree que ha ocurrido por lo menos en dos especies domésticas: el perro y el gato. Sin embargo, también se ha sugerido que esto podría haber pasado en otras especies. Y es que hay otro animal que vive constantemente en un entorno altamente social rodeado de humanos: nosotros.

Sí, somos una especie domesticada. Compartimos con nuestras mascotas características neoténicas, o infantiles, que se retienen en estado adulto, como las cabezas grandes, los rostros cortos y con ojos grandes, la cara aplanada y los brazos relativamente cortos.

AP ARCHIVE COLLECTION

Según algunos investigadores actuales, nuestra relación con otros animales es lo que nos ha hecho evolucionar y ser lo que somos.

Además, presentamos las ya mentadas características prosociales, la falta de miedo a grupos ajenos a nuestro «clan» o familia y una aversión natural a buscar conflictos con quien percibimos como «superior». Todas estas características, distribuidas de forma generalizada en nuestra especie, fueron clave en nuestra evolución, tanto a nivel biológico como social. La influencia que hemos tenido en nuestra propia evolución y la de otras especies es innegable... pero ¿qué hay del efecto que han tenido el resto de los animales sociales que hemos domesticado en nosotros?

VIAJANDO JUNTOS

La respuesta corta a esta pregunta, como a muchas otras relacionadas con los procesos de domesticación o la evolución reciente de nuestra especie, es que no lo tenemos muy claro. La respuesta larga, sin embargo, es bastante más interesante. La principal dificultad con la que nos encontramos a la hora de estudiar cómo nos afectó la presencia de perros es que la mayoría de estos cambios se produjeron en una época donde no había registros y, probablemente, la mayoría de cambios se manifestaron a nivel social, lo que los hace muy complicado de rastrear, aunque no imposible. Durante décadas se ha asumido que, dado que los lobos son excelentes cazadores, disponer de estas habilidades supondría una enorme ventaja para una tribu del Paleolítico. Sin embargo, un análisis publicado en el *Journal of Ethnobiology* en 2020, basado en poblaciones modernas de más de ciento cuarenta culturas diferentes y cómo interaccionan con sus perros encontró que, aunque la relación de estos con la caza y los hombres en general es positiva, la relación entre los perros y las mujeres es mucho mayor. Esto se puede interpretar de muchas formas, pero desde luego nos sugiere que fueron mucho más que simples herramientas de caza. Tener a nuestros mejores amigos con nosotros seguramente nos forzó a cambiar nuestra sociedad de muchas formas, y parece que en general fue bastante beneficioso para los humanos tenerlos como compañeros. Esto lo sabemos porque para hace 15 000 años ya los podíamos encontrar en toda Eurasia y Beringia (el continente que

Hace más de 20 000 años, en algún lugar de Asia central, un grupo de lobos comenzó a seguir a los humanos que vivían en su territorio.

conectaba Eurasia y América del Norte), y hace 11 000 años ya los encontrábamos distribuidos por todos los continentes donde los humanos anatómicamente modernos fueron migrando. En algunos casos, como en el de los perros árticos, es muy posible que estos fuesen una parte activa de dicha migración, pues hemos encontrado restos de trineos tirados por perros en Siberia que datan de más de 9 500 años de antigüedad, y los autores creen que su uso ya era común hace 15 000 años.

VIVIENDO JUNTOS

Hace 14 000 años, en una cueva de Bonn-Oberkassel, en lo que hoy en día es Alemania, alguien enterraba a un cachorro de apenas siete meses. Lo enterraron junto a dos humanos, y los daños en la dentadura sugieren que murió de un caso grave de moquillo (morbillivirus canino) que estuvo acarreando por lo menos desde que tenía diecinueve semanas. Que llegase a vivir durante casi diez semanas más con esa infección por sí solo es prácticamente imposible, y desde luego este ejemplar nunca pudo ser de ninguna utilidad a los humanos que lo criaron. Por lo que los investigadores, lo han considerado el primer caso documentado de un vínculo emocional con un animal de otra especie, así como prueba de que en esta época tan temprana los humanos ya considerábamos a nuestros perros mascotas. Este cambio en la forma de relacionarnos con los animales, que por sí solo puede parecer pequeño, fue el que unos cuantos miles de años después nos abrió las puertas a la que probablemente sea la revolución tecnológica más importante de nuestra historia: la domesticación de animales de granja.

En esta revolución, basada en una transición de formas de vida nómadas a tener asentamientos sedentarios facilitados por un clima más moderado y a las nuevas formas de explotación de los recursos, el perro probablemente jugó un papel importante. En uno de los asentamientos más antiguos de Anatolia, Aşıklı Höyük, un equipo de arqueólogos encontró evidencias de que los primeros ocupantes del asentamiento capturaban ejemplares jóvenes de muflones (los ancestros salvajes de las ovejas) y los mantenían en rediles hasta que necesitaban la carne. Más tarde, empezaron a criarlos ellos mismos, aunque siguieron capturando algún que otro ejemplar salvaje. Atrapar animales vivos es muy complicado, y es de suponer que los perros tuvieron un papel importante en estas cacerías. Además, estudios de ADN antiguo han demostrado que, una vez que la Revolución Neolítica ya estaba en su apogeo y los granjeros de oriente medio se empezaron a expandir, lo hicieron con sus perros, supuestamente pastoreando a los rebaños de los granjeros migrantes.

CAMBIANDO JUNTOS

Si buscamos cambios más grandes en nuestra evolución cultural y biológica, debemos adentrarnos en el territorio de la «especulación informada», o, como lo llamamos los científicos, las hipótesis. Establecer una relación causal es complicado incluso cuando el evento está pasando conforme hablamos, mucho más si estamos hablando de algo que ocurrió hace veinte o treinta mil años. Probablemente, la hipótesis más interesante sea la de que la presencia de perros en nuestro entorno favoreció nuestra «autodomesticación», hasta el punto de que algunos investigadores la llaman «codomesticación». Esta afirmación cuenta con el respaldo de estudios que encontraron que las mutaciones localizadas en regiones asociadas con la domesticación en otras especies están positivamente seleccionadas en humanos modernos en comparación con neandertales y denisovanos, y que estudios observacionales han demostrado que introducir un perro en un grupo de personas, incluso en un entorno formal como es una oficina, propicia el comportamiento prosocial. Una derivación de esta hipótesis es que gracias a esta influencia positiva y a la necesidad no solo de comunicarnos entre nosotros, sino con otra especie, desarrollamos unos lenguajes tan complejos como los que podemos observar hoy en día. Los autores de esta hipótesis sugieren que la comunicación con los perros fue una importante ayuda a la hora de establecer las extensas redes de grupos no relacionados que vemos durante el Mesolítico (aprox. hace 12 000 años).

Por último, y centrándonos en la genética, tanto los perros como los humanos compartimos presiones selectivas comunes, sobre todo en lo relativo a la comida. Los perros poseen varias copias del gen de la amilasa, lo que hace que sean capaces de digerir mejor comidas ricas en carbohidratos en comparación

ISTOCK

En Egipto está la tumba de perro más antiguo de la que tenemos noticia: Abuwtiyuw. Este perro, que murió antes del 2280 a. C., se cree que pertenecía a un guardia real.

PRISMA

Relieve griego con escena de un banquete funerario, 400 a. C., en el que se aprecia un perro.

con un carnívoro estricto como el lobo. Este cambio, a nosotros no nos hizo falta, pues lo traíamos de casa, pero sí compartimos con los perros dos genes que están bajo selección positiva: *ABCG5* y *ABCG8*. Esta pareja de genes interviene en el transporte selectivo del colesterol, y que estén positivamente seleccionados en ambas especies se ha interpretado como una adaptación a una dieta más rica en plantas desde el Paleolítico. Otro gen que está bajo selección positiva es el *SLC6A4*, que codifica una proteína de membrana que transporta la serotonina, y que por tanto tiene un rol importantísimo en el funcionamiento del sistema nervioso. Esta proteína es uno de los objetivos de drogas como las anfetaminas y la cocaína, y mutaciones en ella se ha asociado a comportamientos violentos, trastorno obsesivo-compulsivo, depresión mayor y algunos casos de trastorno del espectro autista. En un principio, estos resultados corroborarían la idea de que la autodomesticación o codomesticación está seleccionando positivamente los comportamientos menos agresivos.

TKM ARCHIVA

Miniatura del manuscrito medieval *Tacuinum Sanitatis*, un manual sobre salud y bienestar basado en el tratado *Taqwim al-sihha* del médico Ibn Butlan. Esta página está dedicada al altramuz.

UNA LARGA HISTORIA CON MUCHO FUTURO

Hasta ahora nos hemos centrado en lo que sabemos que pasó hace muchísimo tiempo, pero ahora quiero irme a tiempos más cercanos. Sabemos, por ejemplo, que tanto la Grecia como la Roma clásicas tenían variedades específicas de perro para cazar y para guardar la casa y/o el ganado. En Egipto, aunque algunos autores han sugerido que los perros no estaban muy bien considerados, encontramos decenas de pinturas y estatuas, además de la tumba del animal más antiguo del que tenemos un nombre: Abuwtiyuw. Este perro, que murió antes del 2280 a. C., se cree que pertenecía a un guardia real, y al morir este, el emperador le concedió un espléndido entierro en la necrópolis de Guiza, similar al de un humano de clase alta.

Durante la Edad Media europea vemos que los perros pasan a ser una señal de estatus, en la que los nobles tenían

ALBUM

Miniatura perteneciente al códice *Manesse* en la que se ve a un vendedor ambulante mostrando su mercancía a una dama con un perro en brazos.

perreras donde criaban perros de caza. Gente más humilde también los usaba para muchas otras cosas más prosaicas, como el pastoreo y la guarda de ganado y casa, como en tiempos romanos, pero también para extraer agua de los pozos o enviar mensajes entre diferentes lugares cercanos. Durante esta época es cuando empezamos a ver intentos activos de seleccionar a los mejores ejemplares y, por lo tanto, un incremento en la presión selectiva, especialmente en los perros de caza. Sin embargo, en la mayoría de casos no sería hasta los siglos XVIII y XIX en los que empezamos a ver a las razas modernas formarse y estandarizarse de acuerdo a los usos que nos interesaban y a las características estéticas que más nos gustaban. Hoy en día se estima que tenemos más de 900 millones de perros distribuidos entre más de trescientas sesenta razas reconocidas por la FCI (Federation Cynologique Internationale), con un montón de mezclas y linajes sin describir por todo el mundo, y su popularidad no tiene pinta de disminuir en el futuro próximo. En una sociedad que cambia tan rápido como la nuestra, me pregunto cómo cambiaremos al perro en el futuro y cómo nos cambiará él a nosotros.

Auténticos genios comprendiendo a los humanos

TIFFANY O´CALLAGHAN
Periodista de *New Scientist*

SHUTTERSTOCK

Clive Wynne lleva mucho tiempo fascinado con la mente de los animales. Estudió el comportamiento de las palomas, las ratas y los marsupiales, pero se dio cuenta de que lo que más le interesaba era la interacción de los humanos con otras especies. Así que se centró en los perros, el animal con el que tenemos la relación más larga e íntima a lo largo de nuestra historia.

Por aquel entonces, surgía la idea de que lo que hace únicos a los perros es su capacidad para leer los gestos humanos. Comenzó con un sencillo experimento con dos vasos: escondía un trozo de comida debajo de uno de los vasos, pero el perro no sabía cuál. Un humano señalaba el vaso con la comida y el perro seguía su gesto. Bastante sencillo, ¿verdad? Sin embargo, los experimentos demostraron que otras especies, incluso los chimpancés, no podían hacerlo. Los perros, al parecer, eran genios de la cognición social.

Sin embargo, a medida que Wynne, el etólogo británico-australiano, profundizaba en esta idea, poco a poco se le iba desmoronando. En su lugar, empezó a pensar que lo que diferenciaba a los perros era algo mucho más complejo: el amor. Como detalla en su nuevo libro *El perro es amor*, encontrar formas rigurosas de probar esta idea no fue sencillo.

TO'C: ¿Qué le hizo sospechar del «genio canino», la idea de que los perros tienen un tipo de inteligencia especial para entender a los humanos?

CW: No niego que nuestros perros sean exquisitamente sensibles a las cosas que hacemos. De hecho, los perros que viven con personas y que, por lo tanto, dependen completamente de ellas para satisfacer sus necesidades, son sensibles a todo lo que estas hacen. Lo que quiero decir es que esto no es algo especial de los perros. Es algo que se da en cualquier animal criado por seres humanos en un estado de completa dependencia.

PRUEBAS CON LOBOS

Cuando fuimos a Wolf Park (una instalación de investigación en Indiana que alberga lobos socializados con humanos) en 2007, nos quedamos asombrados con lo que nos encontramos. Hicimos estas sencillas pruebas de cognición social, y los lobos eran tan buenos como los perros. Nos dimos cuenta de que los lobos criados por personas muestran sensibilidad a lo que estas hacen. Al igual que ocurre con los murciélagos, los caballos, las cabras y los delfines criados por personas.

TO'C: Ha encontrado la forma de demostrar la diferencia de sociabilidad entre los perros y los lobos.

CW: La prueba de comportamiento es lo más sencillo que he hecho y me sigue encantando. Basta con que alguien se siente en una silla, marque un círculo de un metro de radio a su alrededor y, luego, mida qué parte, en un intervalo de dos minutos, elige el animal para estar dentro del círculo.

Si hace esto con su perro en casa, suponiendo que usted y su mascota hayan estado separados durante un breve periodo de tiempo, observará que el can pasará todo el tiempo dentro del círculo. En el caso de los lobos, incluso cuando se trata de personas que han actuado como sus padres desde que eran cachorros, pasarán unos cuarenta segundos dentro y si se trata de un extraño, no pasan ningún momento dentro del círculo.

TO'C: ¿Hay pruebas de que esta diferencia en la sociabilidad tiene su origen en la genética?

SAM WYNNE

Los perros que viven con personas y que, por lo tanto, dependen completamente de ellas para satisfacer sus necesidades son sensibles a todo lo que estas hacen.

CW: La genetista Bridgett vonHoldt, de la Universidad de Princeton, examinó el genoma del perro y encontró áreas que mostraban evidencias de una rápida evolución reciente, es decir, los impactos de la domesticación. Había una sección concreta de un cromosoma canino donde, en los humanos, los genes están implicados en el síndrome de Williams-Beuren. Este síndrome tiene muchos impactos, pero uno de ellos es el gregarismo excepcional. A partir de las muestras de ADN tomadas de perros y lobos, resultó que tres de los genes implicados en el síndrome de Williams están correlacionados con esta diferencia en el comportamiento de perros y lobos.

TO'C: Usted menciona experimentos en los que los dueños de perros fingen tener un ataque al corazón o se les cae una estantería encima ¡y sus perros no les ayudaron!

CW: Creo que esas pruebas eran demasiado exigentes intelectualmente. Quiero decir, ¿sabrías qué hacer si alguien tiene un ataque al corazón? ¿Qué debe hacer el perro si se le cae una mueble encima? Es una situación absurdamente exigente para ponérsela a un perro. Pero hay muchos estudios que demuestran que intentarán ayudar. Son cosas que la gente puede experimentar fácilmente por sí misma: finja que llora y verá que su perro muestra todo tipo de signos de angustia. En los nuevos experimentos que hemos realizado mi estudiante Joshua Van Bourg y yo, hacemos que la gente se meta en una caja que se pueda abrir fácilmente y, luego, grite de angustia. Y claro, los perros vienen y abren la caja.

ROBERT BAYER

Los lobos criados por personas muestran sensibilidad a lo que estas hacen. Al igual que ocurre con los murciélagos, los caballos, las cabras y los delfines.

ISTOCK

El vínculo que se establece entre perro y un buen dueño es de los más estrechos en la vida.

¿PUEDE LA CIENCIA DEMOSTRAR QUE NUESTROS PERROS NOS QUIEREN REALMENTE?

Sea cual sea la definición de amor (en el estudio científico se habla de afiliación, gregarismo, contacto, preocupación por separarse de un ser querido), tu perro te quiere. Mi madre es muy escéptica respecto a este tema y cree que es solo porque les damos de comer.

TO'C: Entonces, ¿hay espacio para el escepticismo?

CW: Sí, claro. Si hay alguien que te va a querer, ese es tu perro. Sea cual sea la medida que podamos utilizar (hormonas, ondas cerebrales, fisiología, comportamiento, cualquier prueba que necesites para convencerte de que alguien te quiere), tu perro cumple esos criterios.

Al parecer, los perros eran genios de la cognición social, pero Clive Wynne defiende que lo que diferencia a los perros del resto de animales es algo mucho más complejo: el amor.

PRUEBAS CON GATOS

Los perros no son las únicas mascotas que se han utilizado en el estudio sobre el envejecimiento: también se han analizado gatos. Pero, como cabía esperar, no son tan aptos como los perros. «Hay un par de problemas con los felinos», dice Daniel Promislow, del Proyecto de Envejecimiento Canino de la Universidad de Washington en Seattle. «No muestran tanta diversidad como los perros y tienden a ser más longevos, por lo que es un estudio mucho más difícil: tendríamos que esperar más tiempo para ver cómo surgen los patrones». Sin embargo, El arca de Darwin, un proyecto de ciencia ciudadana con mascotas dirigido por investigadores del Instituto Broad del MIT y de Harvard, está reclutando gatos para un proyecto genético que podría llegar a aportar conocimientos sobre el envejecimiento humano.

SHUTTERSTOCK

Sea cual sea la definición de amor, tu perro te quiere.

A menudo se asume que un año natural equivale a siete «años de perro», de modo que la esperanza de vida de un can es aproximadamente la séptima parte de la de un humano. Aunque esto es inexacto por dos razones. Una es que los perros alcanzan la madurez sexual mucho antes que nosotros. La otra es que las distintas razas de perros tienen diferentes expectativas de vida dependiendo de su tamaño, problemas patológicos característicos de cada raza, calidad de vida de la mascota. Por regla general, las razas más grandes mueren antes, un patrón bastante común en todo el reino animal, aunque paradójico si se tiene en cuenta que las especies más grandes, como los humanos, tienden a vivir más tiempo que las más pequeñas, como los ratones. Los perros pequeños viven de media unos quince años, pero los grandes, solo diez. Los gatos pueden llegar a vivir quince años.

Vivir a lo grande, morir joven.

¿Qué sería de los perros sin nosotros?

ASÍ EVOLUCIONARÍAN

MARC BEKOFF Y JESSICA PIERCE
Periodistas de *New Scientist*

SHUTTERSTOCK

Incluso para sus mayores fans, los perros pueden parecer ridículamente carentes de habilidades de supervivencia. Rufus sale a toda velocidad detrás de una ardilla con una expresión de gran determinación, solo para llegar a un árbol cercano mucho después de que la ardilla se haya puesto a salvo. Bella ladra ferozmente a una estatua de metal de un alce. Poppy acecha a una bolsa de papel arrastrada por el viento por la acera. Dickens se niega a salir a orinar porque está lloviendo. Jethro corre a casa con el rabo entre las piernas cuando se encuentra con un animal salvaje cerca.

Estas anécdotas son una fuente común de diversión en los parques para mascotas, en las redes sociales y en las conversaciones relacionadas con los perros. Pero detrás de las risas se esconde una seria cuestión científica: si los humanos desaparecieran repentinamente de la escena, ¿podrían sobrevivir los perros? Después de al menos 14 000 años de domesticación, ¿podría esta especie con la que hemos coevolucionado arreglárselas sin provisiones de comida, cuidados y mimos regulares?

Intrigados por esta cuestión, la hemos explorado como experimento mental en nuestro próximo libro, *Un mundo de perros*. A partir de la teoría evolutiva y de la creciente investigación sobre perros en libertad, imaginamos un futuro posthumano

SHUTTERSTOCK

¿Podría esta especie con la que hemos coevolucionado arreglárselas sin provisiones de comida, cuidados y mimos regulares?

para los canes. Intentamos averiguar qué aspecto tendrían, cómo se alimentarían, reproducirían y criarían, la naturaleza de su vida social y las habilidades cognitivas y emocionales que necesitarían para desenvolverse con éxito en un mundo en el que deben competir, cooperar y coexistir con otros animales. El resultado nos sorprendió. No solo puso de manifiesto la inmensa flexibilidad de nuestros amigos caninos, sino que también reveló algunas lecciones importantes sobre cómo los humanos podemos mejorar la suerte de los perros mientras estemos aquí.

Son una de las especies de mamíferos más exitosas del planeta. Unos mil millones de ellos habitan en todos los rincones del planeta y viven en todo tipo de lugares, desde hogares y metrópolis urbanas hasta desiertos, selvas tropicales y altas mesetas tibetanas. Cuando se les pide que se imaginen un perro, la mayoría de los habitantes del Reino Unido y Estados Unidos se imaginan una mascota con correa, persiguiendo una pelota en un parque o engullendo un cuenco de comida. En realidad, solo una pequeña minoría de los perros del mundo viven como animales de compañía, mientras que entre el 80 % y el 85 % viven de forma independiente como perros asilvestrados, de pueblo, de calle o de comunidad.

Lo que permite a los perros prosperar en nichos ecológicos tan diversos es el hecho de que, como todos los cánidos, son versátiles y oportunistas. Conservan muchos de los rasgos y comportamientos de sus parientes salvajes, como los lobos, los coyotes y los chacales, con los que todavía pueden cruzarse. Es posible que los perros de compañía no sean criados de forma que cultiven estas habilidades. Sin embargo, como especie, no han «olvidado» cómo buscar comida, cazar, procrear, criar a sus hijos, llevarse bien en grupo y defenderse a sí mismos y a sus hogares. Esta capacidad de adaptación hace que los perros puedan sobrevivir e incluso prosperar en un mundo posthumano.

LOS PERROS NO SE «DESDOMESTICAN»

Sin embargo, la transición años después de la desaparición de los humanos sería difícil. Satisfacer las exigencias asociadas a la pérdida brusca de nuestro apoyo requeriría adaptaciones conductuales, neuronales, anatómicas y fisiológicas, y una buena dosis de suerte. La distribución geográfica de los perros cambiaría. Incluso los que viven en libertad tienden a estar cerca de los humanos, pero si no hubiera gente, se verían obligados a buscar otros ecosistemas. Probablemente, se produciría una importante mortandad durante los primeros años. Pero la evolución adaptaría a los perros a su nueva vida, ya que los individuos más capaces de enfrentarse a nuevos y diversos retos tendrían más probabilidades de sobrevivir y transmitir sus genes. Como resultado, las siguientes generaciones serían genéticamente más aptas y más capaces de aprender habilidades de supervivencia para sí mismas y para otros perros.

Por muy convincente que sea la idea, los perros no se «desdomesticarían» y volverían a ser lobos. Una forma de conceptualizar sus posibles trayectorias evolutivas es centrarse en lo que los biólogos denominan estrategias vitales. El objetivo es entender cómo evolucionan los organismos para equilibrar los costes energéticos de la supervivencia, el crecimiento y la reproducción. Este enfoque de la evolución de los perros posthumanos plantea cuestiones clave, como qué estrategias vitales convergerían con las de otros cánidos, cómo se engranarían distintas variables, como el tamaño corporal y el comportamiento alimentario, y cuánto tiempo tardarían en producirse los cambios evolutivos de forma y comportamiento.

El reto más inmediato y significativo al que se enfrentan los perros posthumanos sería la adquisición de alimentos. Casi todos los perros, incluso los que no reciben ayuda humana directa, dependen en cierta medida de los subsidios alimentarios de los humanos, que es una forma elegante de decir que se comen nuestra basura, nuestros residuos (sí, nuestras heces) y nuestras limosnas. Los perros son generalistas con una dieta muy adaptable, por lo que podrían sobrevivir con una amplia

SHUTTERSTOCK

La mezcla de razas daría lugar a perros muy parecidos a los actuales perros asilvestrados.

gama de alimentos, desde plantas, bayas e insectos hasta pequeños mamíferos y pájaros, y quizás incluso algunas presas más grandes. Los perros posthumanos comerían todo lo que pudieran conseguir.

DIFERENTES NICHOS ECOLÓGICOS

Las diferentes estrategias de alimentación evolucionarían con el tiempo en función de su nicho ecológico, la disponibilidad local de alimentos y la competencia con otros animales. Su dieta se vería limitada por sus capacidades físicas y, a su vez, influiría en su evolución. Con el tiempo, las diferentes poblaciones podrían incluso convertirse en especies distintas, utilizando diferentes estrategias de alimentación para llenar una gama de nichos ecológicos. El cambio físico sería rápido una vez que la selección artificial dirigida por el hombre fuera sustituida por la selección natural. Los humanos han criado a los perros para que adopten una amplia gama de formas y tamaños. Los primeros en desaparecer serían los rasgos inadaptados, como los hocicos extremadamente cortos, que pueden impedir la respiración, y los pliegues pronunciados de la piel, que pueden albergar microbios causantes de enfermedades. Dentro de unas pocas generaciones, la mezcla de razas probablemente daría lugar a que todos los perros se parecieran mucho a los actuales perros asilvestrados: de tamaño medio, con orejas puntiagudas, hocicos alargados, colas rectas y pelaje marrón rojizo de longitud media, que sería más fino o más grueso dependiendo de su hábitat. Sin embargo, a largo plazo, las poblaciones que quedaron aisladas geográficamente o debido a la especiación podrían evolucionar con características físicas distintas, moldeadas por cambios genéticos aleatorios o por la adaptación a un nicho específico.

Las estrategias de apareamiento y reproducción de los perros posthumanos no tendrían que cambiar tanto como su aspecto o su ecología alimentaria. Sin embargo, podría haber algunos cambios, ya que la selección natural favorece las estrategias que conducen a un mayor éxito reproductivo en ausencia de los humanos. Entre ellas podrían estar un flirteo más prolongado y ritualizado, volver a entrar en celo una vez al año, como los lobos, en lugar de dos, y una mayor implicación de madres, padres, tías, tíos y de individuos ajenos a la familia en la crianza.

TRABAJO EN EQUIPO

En un mundo sin humanos podrían funcionar muchas formas diferentes de organización social, como la formación de parejas unidas, pequeños grupos y manadas más grandes. Sin embargo, para tener éxito, los perros tendrían que perfeccionar sus habilidades sociales, incluyendo la comunicación de intenciones y la resolución de conflictos. Como todos los animales sociales, los canes son capaces de aprender los unos de los otros y esto sería crucial para la supervivencia. Las habilidades desarrolladas durante el periodo de socialización temprana de los cachorros serían especialmente importantes. La vida interior de los perros posthumanos también cambiaría a medida que evolucionaran las habilidades cognitivas y la inteligencia emocional necesarias para interactuar con otros animales y convertirlos en miembros exitosos de las comunidades salvajes.

Puede que solo sea un experimento mental, pero puede ser útil ver a los perros como animales salvajes. Considerarlos así puede ayudarnos a pensar en cómo darles la mejor vida posible hoy en día, especialmente a los de compañía con los que compartimos nuestros hogares y que pueden vivir en condiciones sorprendentemente estresantes porque están cautivos y no pueden satisfacer sus necesidades e impulsos básicos sin nuestra ayuda.

Ya existe una increíble diversidad en la forma en que los perros se abren camino en el mundo y se relacionan con los humanos. Reconocerlo puede recordarnos que no existe un perro universal. Debemos tener cuidado de no hacer generalizaciones sobre lo que hacen o no hacen, o incluso sobre lo que es bueno o malo para ellos: hay que centrarse en los individuos. Sin embargo, observar el comportamiento de los perros en libertad puede ayudarnos a identificar cómo

SHUTTERSTOCK

Las diferentes poblaciones podrían incluso convertirse en especies distintas, utilizando diversas estrategias de alimentación para llenar una gama de nichos ecológicos.

tienden a comportarse cuando se les deja a su aire y así entender y apreciar mejor los antiguos impulsos que todavía acechan en el cerebro de los perros, influyendo en lo que hacen y en cómo se sienten. Los que vivimos con perros de compañía debemos hacer todo lo posible para permitirles y animarles a realizar una amplia gama de comportamientos típicos y apropiados para un perro. Debemos dejar que utilicen sus sentidos (como su increíblemente activo olfato) y que se relacionen con otros perros si lo disfrutan, y también debemos crear vínculos fuertes con ellos que les ayuden a convertirse en los seres emocional y socialmente inteligentes que son por naturaleza.

Nuestro control sobre la cría de animales de compañía conlleva otra gran responsabilidad. Ciertos rasgos hacen que los perros se adapten mejor a diferentes condiciones y tengan más probabilidades de sobrevivir y disfrutar de la vida. Otros hacen lo contrario. Es difícil pensar en un escenario, futuro o

Los perros habitan en todo tipo de lugares, desde hogares y metrópolis urbanas hasta desiertos, selvas tropicales, playas y altas mesetas tibetanas.

presente, en el que los rasgos inadaptados sean buenos para un perro. Deberíamos dejar de criar selectivamente mascotas por características que solo sirven a los deseos estéticos humanos, como el tamaño extremo, los pliegues excesivos de la piel, los ojos saltones y las caras aplastadas. No es agradable imaginar un mundo en el que los humanos no existen, pero es un ejercicio importante. Cuando dejamos de situarnos en el centro de la imagen, de ser el centro de todo, podrá surgir un pensamiento mucho más fructífero y productivo. Nos ayuda a iluminar quiénes son los perros en sus propios términos y cómo nuestras relaciones con ellos pueden beneficiarnos a ambos. Todos salimos ganando.

ES LA VIDA DE UN PERRO

Los perros han coevolucionado con los humanos y seguramente se enfrentarían a algunos retos sin nosotros. Sin embargo, también ganarían mucho física, psicológica y socialmente si las personas desaparecieran de repente.

Contras:

- No hay comida ni acceso a fuentes de alimentación humana.
- Mayor riesgo de enfermedades, lesiones y depredación por parte de otros animales.
- No hay atención veterinaria ni medicamentos para el dolor o el malestar psicológico.
- Pérdida de alojamiento confortable y aseo humano.
- Pérdida de compañía humana y de estimulación mental.

Pros:

- Control total sobre el movimiento, la reproducción y la vida social.
- No hay experimentación, ni peleas de perros, ni sobrealimentación, ni maltrato.
- No se permite la mutilación, el corte de la cola, el descortezado ni el recorte de las orejas.
- Una mayor y más apropiada estimulación sensorial para el perro.
- No hay cría selectiva de rasgos debilitantes e inadaptados.

El gran lobo ibérico

ASCEL
www.loboiberico.com
Es una asociación de trescientos cincuenta socios que trabaja por promover una población ecológicamente funcional de lobos en España.

SHUTTERSTOCK

El lobo, una especie clave en nuestros ecosistemas, se encuentra en un momento histórico. Aunque aumenta el conocimiento científico sobre él, la percepción común no mejora. Es curioso ver cómo el perro disfruta de un elevado reconocimiento, mientras que su homólogo salvaje es asediado por la ignorancia y la superchería.

CARACTERÍSTICAS BIOLÓGICAS Y ECOLÓGICAS DEL LOBO

El lobo es un mamífero del orden de los carnívoros y de la familia de los cánidos, en términos ecológicos, tiene una funcionalidad como depredador apical y es una especie clave en los ecosistemas. Era la especie de mamífero más distribuida en el planeta Tierra, después del ser humano. La especie actual, *Canis lupus*, surge durante el Pleistoceno, hace casi un millón de años. Su amplio rango de distribución y gran adaptabilidad dan lugar a una taxonomía compleja por su separación en poblaciones (a veces asignada a subespecies, así como en notable variabilidad en cuanto a tamaño y apariencia. Un lobo adulto puede medir entre cien y ciento veinte centímetros desde el hocico hasta la base de la cola, esta puede alcanzar unos cuarenta centímetros, la altura a la cruz oscila entre sesenta y setenta centímetros y pesan entre treinta y cincuenta kilos. Su fuerte constitución, las cuarenta y dos piezas dentales de su potente

GETTY

A pesar de que diferentes sectores y medios han sostenido una «expansión permanente» del lobo en nuestro país, hay más águilas imperiales y más linces ibéricos en libertad que lobos.

mandíbula y sus voluminosos músculos maseteros revelan su carácter de depredador apical en las comunidades biológicas.

Las poblaciones de lobos experimentan variaciones de sus características morfológicas con la latitud, lo podemos ver en el incremento del tamaño corporal y del cráneo. Las tonalidades ocráceas, pardas y rojizas dominan la coloración y los patrones del pelaje de las poblaciones meridionales y mediterráneas, aunque con variabilidad cuando se contrasta entre clases de edad (jóvenes *versus* adultos).

El lobo consume preferentemente ungulados silvestres, especialmente cérvidos, aunque es un depredador flexible que en su espectro alimentario incluye presas como micromamíferos, aves, frutos, etc. Puede incluir en su dieta descartes alimenticios de actividades humanas (como carroñas de ganado), aprovecha cualquier recurso que tenga a su alcance y que asegure su supervivencia.

Esta flexibilidad en la dieta le permite habitar en múltiples lugares, siempre y cuando haya cobertura suficiente para refugiarse y, principalmente, tolerancia humana a su presencia. Su faceta de depredador adaptable ha creado durante siglos enfrentamientos con intereses humanos basados en conflictos atávicos culturales: por miedo (religión, etc.) y por competencia (por presas, domésticas y salvajes).

POBLACIONES DE LOBOS Y DESCRIPCIÓN TAXONÓMICA

La descripción taxonómica de muchas especies se ha hecho sobre los conocimientos disponibles en su momento. De ahí, el problema para conceptos fundamentales como el de «especie». Ahora, la incorporación de herramientas de análisis genético nos abre distintas perspectivas y acepciones.

El origen de la diferenciación taxonómica se remonta a la descripción del zoólogo Ángel Cabrera en *Fauna Ibérica* (1914), donde describió dos razas de *Canis lupus* diferenciables por un diente molar. Este es un atributo sujeto a variaciones geográficas e individuales, sin necesidad de fijación genética. Es decir, por un molar, el lobo ibérico (*Canis lupus signatus*) era considerado como una subespecie distinta de las poblaciones europeas, lo cual no parece sostenible. Más controvertida es la segunda consideración (subespecie) etiquetada como *deitanus*, descrita para el sureste español, quizás una quimera.

En Europa, tradicionalmente se ha asumido que todas las poblaciones de lobos existentes corresponden a la especie tipo *Canis lupus lupus*, aunque habitualmente se reconocen dos subpoblaciones diferenciadas de esa población, asimilables a subespecies, por su aislamiento geográfico y genético en la península itálica (*Canis lupus italicus*), e ibérica (*Canis lupus signatus*). La primera de esas subespecies es altamente singular y aparece aislada genéticamente del resto de lobos de Europa, ya que las distintas caracterizaciones genéticas han mostrado la existencia de un perfil genético exclusivo. En cambio, no sucede lo mismo con lobos ibéricos, que comparten al menos uno de los cuatro perfiles genéticos encontrados en esta población con los del resto de Europa oriental y boreal, lo cual sugiere un flujo genético pasado entre lobos del este y el oeste de Europa.

De todo ello cabe inferir que el lobo ibérico no está tan diferenciado genéticamente de otras poblaciones de lobos europeas y que ha existido un flujo genético relativamente reciente en el tiempo entre lobos orientales y occidentales de Europa.

SOBRE LA DISTRIBUCIÓN Y TAMAÑO DE LA POBLACIÓN DEL LOBO EN ESPAÑA

El lobo ocupaba, hasta el siglo XIX, la práctica totalidad de España, con una estimación de su población de siete a nueve mil ejemplares que ocupaban 440 000 km^2 de territorio, lo cual cambió radicalmente a mediados del siglo siguiente, hasta descender a unos 55 000 km^2 de superficie. No se sabe a ciencia cierta cuántos ejemplares quedaban, pero muy probablemente muchos menos lobos de lo que a veces se ha sostenido (unos cuatrocientos ejemplares) sin fundamento alguno. Este hecho mejoró levemente a finales del siglo XX debido a la disminución de la persecución humana sistemática que venía sufriendo el lobo y al abandono de determinadas actividades humanas en el medio natural, lo cual trajo la recuperación de sus presas potenciales. Sin embargo, en el siglo XXI, mientras todas las poblaciones europeas de lobos se recuperan, la ibérica permanece aislada del resto y sin síntomas de recuperación, lo cual se debe a la falta de su protección efectiva por caza, tanto legal como ilegal.

En la actualidad, la aproximación más fiable que podemos obtener de la población del lobo en España es la resultante de comparar los resultados obtenidos entre los dos «censos nacionales» para evaluar la distribución, situación y problemática del lobo en nuestro país. Debido a que son los más similares en cuanto a procedimiento y capacidad de repetición, dejan fuera de esta comparativa numerosos trabajos regionales de estima de grupos de lobos, ya que presentan mucha variabilidad entre ellos e imposibilitan el contraste riguroso de los resultados. El primero de ellos se realizó entre 1986 y 1988, por encargo del entonces Instituto para la Conservación de la Naturaleza (ICONA), y arrojó unos datos

Tradicionalmente se ha asumido que todas las poblaciones de lobos corresponden a la especie tipo *Canis lupus lupus,* aunque se reconocen dos subpoblaciones diferenciadas de esa población.

que reflejan un área de distribución de la especie que se extendía por 100 000 km², repartidos en el cuadrante noroccidental del país; mientras que el segundo estudio nacional de lobos en España (Ministerio de Medio Ambiente en 2016) estimó la presencia de doscientos noventa y siete grupos de lobos distribuidos por 91 620 km² (Grupo de trabajo del lobo del Ministerio en 2016), entre los años 2012 y 2014. De esta comparativa se puede concluir que, en los veintiséis años que separan el primer censo del segundo, no se hallaron cambios significativos, ni en cuanto al número de grupos reproductores (de doscientos noventa y cuatro grupos entre 1986 y 1988 se pasa a doscientos noventa y siete grupos), ni en cuanto al área de distribución, en torno a los 100 000 km².

EFE

Los animales salvajes no son un bien privativo de los habitantes rurales. Son de todos y por ello su gestión ha de ser inexcusablemente pública, bajo la premisa del interés general.

A partir de estos datos oficiales, resulta imposible entender la vehemencia con la que en diferentes sectores y medios se ha sostenido una «expansión permanente» del lobo en nuestro país durante décadas. Ya hay más águilas imperiales y más linces ibéricos en libertad que lobos en nuestro país, sin que ello haya causado el más mínimo sonrojo en buena parte de la sociedad que ha cacareado una recuperación del lobo que no ha tenido lugar, y que constituye una de las posverdades más indecentes sostenidas en el panorama ambiental de España.

LA COEXISTENCIA ENTRE LOBOS Y ACTIVIDADES HUMANAS

No cabe considerar incompatibles los intereses humanos (caza y ganadería) con el lobo. Los ungulados salvajes que constituyen piezas cinegéticas no son propiedad de los cazadores, sino un bien público. El mejor y más eficiente regulador natural en el hemisferio norte son las poblaciones de depredadores apicales, como los lobos.

En cuanto al supuesto conflicto con los intereses agroganaderos, no es tal en los países occidentales, por lo que está ampliamente sobredimensionado. Todos los diagnósticos acerca de la incidencia del lobo sobre la ganadería están basados en la atribución exclusiva de bajas a los lobos, lo cual no es cierto, ya que no se llevan a cabo peritajes genéticos que permitan corroborar con exactitud dicha afirmación. Existen ataques imputables a perros incontrolados en áreas con presencia estable o esporádica del lobo. Concretamente, en zonas con presencia estable y continua de lobos, como en Castilla y León (la región que aglutina el 60 % de los lobos de España), su incidencia no supera el 0,06 % del total de la cabaña ganadera (más de cuatro millones y medio de reses), suponiendo una compensación económica a los ganaderos afectados de menos de un millón de euros, según datos de 2017.

La presencia de depredadores apicales en zonas en las que el ganado pasta libremente, sin pastores, ni cercas, ni perros y sin ser recogido de noche, implica dos tipos de soluciones: que los predadores y el ganado se separen drásticamente en el espacio y/o en el tiempo, inviable, o que se cambien las prácticas ganaderas y se proteja a las reses para evitar la predación natural. La coexistencia de la ganadería con lobos es alcanzable, demostrable, actual y común en territorios donde la especie no ha llegado a desaparecer y que han mantenido el conocimiento tradicional basado en la presencia humana, en la vigilancia del ganado y la implementación de medidas preventivas. Obviamente, dejando al margen intereses monetarios (compensación económica de los daños), que suponen un enorme foco de picaresca a nivel nacional, porque recurrentemente no implican un cambio del sistema ganadero para adoptar métodos de prevención porque los daños son compensados, por lo que se establece un círculo vicioso.

DESMONTANDO TÓPICOS SOBRE EL IMPACTO DEL LOBO

La incidencia del lobo es insignificante sobre la actividad agroganadera en términos estadísticos. Una parte de esa incidencia ni siquiera le corresponde realmente, suelen ser perros no controlados, muertes naturales, etc. La pervivencia de muchos productores agrarios depende de ingentes subvenciones públicas (PAC), a las cuales hay que añadir compensaciones por daños, que están asociadas a la preservación de la biodiversidad (y de los lobos), no para lo contrario. Por tanto, no debería ser compatible recibir subvenciones PAC y actuar «matando» lobos o pidiendo que se maten.

Los animales salvajes no son un bien privativo de los habitantes rurales. Son de todos, y por ello su gestión ha de ser inexcusablemente pública, bajo la premisa del interés general. Debemos actuar como ciudadanos y consumidores responsables, exigir derechos en la trazabilidad ambiental de los productos del sector primario. Las organizaciones profesionales agroganaderas sostienen recurrentemente la necesidad de controlar letalmente a los lobos y otras especies salvajes, sorprendentemente esgrimiendo que su producción es sostenible y garante de la biodiversidad. Nada más lejos de la realidad. La ganadería no implica la mejora de la biodiversidad, como tampoco lo hacen la minería ni otras tantas actividades humanas. Es más, si esos productos son incompatibles con la biodiversidad (lobos incluidos) y están subvencionados públicamente, como consumidores tenemos derecho a saberlo y actuar en consecuencia, porque esa producción de bienes de consumo implica *de facto* el exterminio de lobos, es decir, de la biodiversidad.

Matar lobos no reduce el furtivismo ni reduce la incidencia sobre la cabaña ganadera ni mejora la percepción social. De hecho, las evidencias científicas disponibles nos indican que la gestión letal de lobos está contraindicada si los fines que se persiguen son esos, puesto que esa gestión supone perturbar la organización y estructura de una especie social, es decir, del lobo por excelencia. No existen evidencias científicas de lo contrario, por lo tanto, no cabe argumentar que

ASC

Un modelo ambiental basado en el control poblacional y la caza de depredadores apicales nos conduce a incrementar los desequilibrios y despropósitos ambientales.

ese conocimiento no es firme, de hecho, en ausencia de esas evidencias, los datos acumulados disponibles en España bastarían para rebatir a quienes sostengan que controlar la población de lobos sea necesario. A todo esto se añade que, debido al estatus de especie protegida del lobo, no se puede matar a estos animales intencionadamente, ni mucho menos se pueden controlar cinegéticamente.

UN HITO SIN PARANGÓN EN LA CONSERVACIÓN DE LA BIODIVERSIDAD

ASCEL persigue que el lobo sea incluido en todo el territorio nacional en el Catálogo Nacional de Especies Amenazadas en España, para que haya políticas activas de conservación de la especie, mejores herramientas jurídicas para luchar contra la persecución ilegal que asola a este animal, impidiendo que sea objeto de explotación cinegética y control poblacional por ley. El cumplimiento del marco legal que protege al lobo permitiría su recuperación y conectividad con otras poblaciones, en lo

Solo la pareja dominante se reproduce en el grupo, este sistema monógamo regula el tamaño de la población y hace biológicamente imposible la superpoblación del lobo.

que sería un rescate genético que aumentaría las probabilidades de conservación a largo plazo.

El estancamiento de la distribución y abundancia del lobo que arrojaban los datos oficiales, la legislación sobrevenida de ámbito nacional y la inacción efectiva de estrategias generales de protección real del lobo observadas en la sociedad civil española sirvió de base a ASCEL para iniciar una acción administrativa y judicial reglada en 2019. ASCEL se apoyó en el mejor conocimiento legal y científico del panorama conservacionista español para evidenciar la situación de conservación desfavorable por la que pasaba la población de lobos en España. Esas acciones, en combinación con otras efectuadas por nosotros en distintos estamentos internacionales y nacionales, se plasmaron en una obligación administrativa para el Ministerio para la Transición Ecológica (MITERD) que tuvo que tramitar la petición subsidiaria de ASCEL para incluir al lobo en el Listado de Especies Silvestres en Régimen de Protección Especial (LESRPE) que figura en el Real Decreto 139/2011 el pasado 22 de septiembre de 2021. Desde esa fecha, el lobo pasaba a ser una especie protegida en

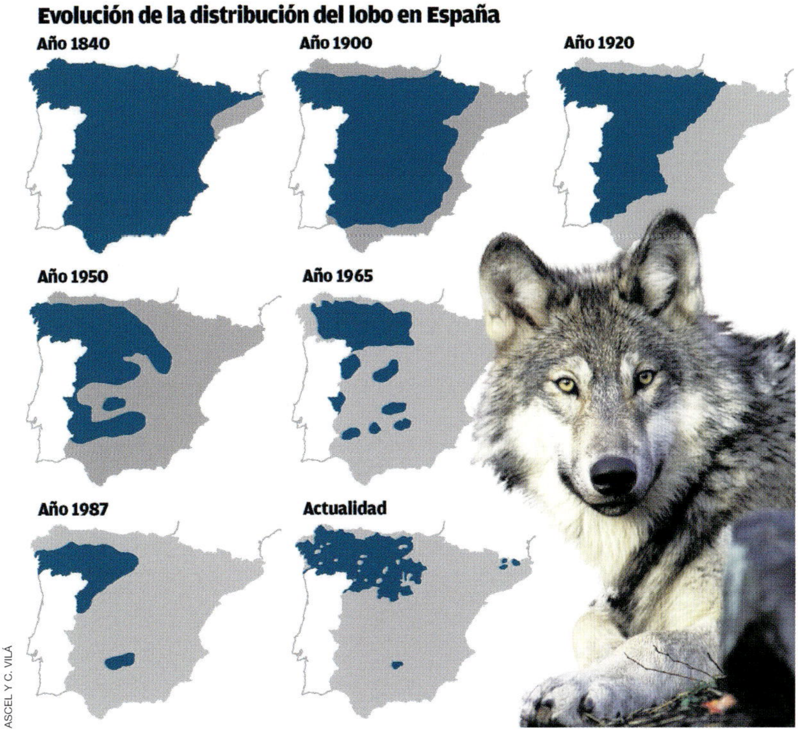

El cumplimiento del marco legal que protege al lobo permitiría su recuperación y conectividad con otras poblaciones.

el ámbito nacional; fue el último depredador apical terrestre en unirse a ese selecto club (osos pardos y linces ibéricos ya estaban protegidos). Ese estatus supone la incompatibilidad de la gestión letal y caza de sus individuos con su conservación, gracias a la acción de ASCEL, como menciona el propio BOE.

De esta manera, aunque aún insuficiente para ASCEL, que persigue la protección proactiva del lobo a través de la catalogación y no solo el listado (protección pasiva), se unificó el estatus legal de la especie, sellando el fin de la fragmentación de la gestión por comunidades autónomas en España. Este hito no tiene parangón en la conservación de la biodiversidad en España.

En la mente del perro

SUMARA MARLETTA
Especialista en psicología canina

SHUTTERSTOCK

A los etólogos, adiestradores y amantes de los perros nos ha intrigado el comportamiento animal: ¿nos entienden?, ¿en qué piensan?, ¿por qué se comportan de esa manera? Para acercarnos a esas y muchas otras cuestiones habrá que intentar meternos en su mente sin prejuicios desde otro prisma completamente distinto: desde una perspectiva canina.

Los perros fueron los primeros animales domesticados y son un éxito evolutivo sin precedentes. Durante los últimos 15 000 años el perro ha sido más que el mejor amigo del hombre, ha sido su mejor aliado. Han evolucionado de ser una posible fuente de alimento a representar una ayuda fundamental trabajando mano a mano con el hombre en labores de investigación, detección, rescates, alerta médica, servicio a diferentes niveles cumpliendo una función social familiar en creciente ascensión. Los perros nos conocen mucho mejor que nosotros a ellos: cada costumbre, nuestros hábitos más personales, ninguna otra especie conoce a estos niveles al ser humano pudiendo predecir cómo nos encontramos anímicamente.

La etología clásica definía que la conducta de un animal está determinada por pautas motoras intrínsecas, adaptaciones de la especie que son productos estereotipados de la selección natural, no obstante, un acercamiento más moderno va más allá de los genes. Si bien es cierto que las diferentes conductas del perro y de los animales en general tienen como premisa

Un error frecuente con un perro que gruñe y que ladra es tacharlo de agresivo sin tener en cuenta la multifactorialidad de su respuesta agresiva.

mejorar la supervivencia de uno mismo o de su especie, hay factores ambientales que marcarán la diferencia. Según el biólogo Raymond Coppinger: «A las dieciséis semanas, un perro tiene ya formada su personalidad social». Este y otros investigadores destacan que el aprendizaje temprano afecta a su desarrollo cerebral por vía de las conexiones neuronales. Según el psicólogo Edwin Guthrie, tan solo una mala experiencia podría marcar al perro. Así, un perro que ha sido privado del contacto con otros de su misma especie, en un entorno de baja estimulación visual, táctil, olfativa, auditiva, sin interactuar con el medio en el que tendrá que convivir, le será prácticamente imposible adaptarse en condiciones óptimas a nuestro mundo humano. Si a esto le sumamos una separación temprana de su familia biológica, añadiendo experiencias vividas como amenazantes en las que el cachorro ha experimentado temor, ya tenemos el combo del perro miedoso de por vida. Cuando ese cachorro llega rescatado meses después a su nueva familia, con reducida información acerca de su procedencia y experiencias tempranas, nos encontramos con un animal desconfiado, tímido, receloso, que poco a poco puede presentar conductas tachadas de «agresivas» (por ejemplo, ladrar a otras personas y perros) y que nada tienen que ver con la agresividad, son puro miedo derivado de una impronta muy mala, deficitaria o las dos cosas.

Esta cuestión no es patrimonio de los perros abandonados, es de todos aquellos que no han tenido la oportunidad de estar con su madre y hermanos el tiempo mínimo necesario (al menos ocho semanas), y hasta las dieciséis a las veinte semanas han tenido estimulación cercana a cero, sin realizar nuevas conexiones neuronales frente a estímulos nuevos que representarán todo su mundo a partir de entonces.

Vivir en un mundo humano implica sumergirse en situaciones, entornos, factores ambientales, acústicos, olfativos, además de infinidad de cuestiones que van radicalmente en contra de su naturaleza canina, y ese proceso de adaptación en mayor o menor medida es lo que va a determinar el éxito

SHUTTERSTOCK

Su campo visual es muy superior al del ser humano, aunque ven menos colores.

de la relación de convivencia entre el perro y el humano. Así, lo primero que debemos hacer para poder entrar en su mente será analizar de dónde vienen y qué es lo que han vivido, o posiblemente hayan experimentado.

MALENTENDIDOS

Un error frecuente con un perro que gruñe y que ladra es tacharle de agresivo sin tener en cuenta la multifactorialidad de su respuesta agresiva, tratándose de los perros, la vía de escape es la del líder de la manada. Los principales estudios que dieron lugar a teorías televisivas de líder de la manada y macho alfa dominante se llevaron a cabo en manadas artificiales en cautividad que no corresponden a la realidad del medio natural, sin el espacio, sin los recursos, incluso sin parentesco alguno entre individuos. Según la experta en lobos Elli Radinger: «El liderazgo del macho alfa es tendencia, pero es algo

Los perros comunican a través de muchos tipos de vocalizaciones pero, sobre todo, con el lenguaje corporal: giros de cabeza, bostezos, quedarse parados, tumbarse...

ridículo y absurdo», en su vida salvaje, las manadas de lobos son familias, no existe la lucha de poder, existe unidad social. Así, recurrir a un modelo simplista y desfasado de que nuestros perros no nos hacen caso porque son «alfa» es incorrecto, recordemos por un instante que somos su fuente primordial de alimentación y construimos un lazo familiar, lo que cambia todo el panorama. Lo que sí es correcto es que cada perro prioriza qué es lo importante a nivel individual, atribuyen diferentes valores a diferentes recursos, por ejemplo, un lugar en concreto de la casa, un objeto o ser el primero en ponerse el arnés para salir. El valor que los perros atribuyen a sus recursos favoritos es totalmente subjetivo y será nuestra labor observar y tenerlo en cuenta. Cuando hay más de un perro en casa es normal que entre ellos lleguen a un acuerdo de qué es lo más importante para cada uno y no haya conflictos. Sí, pueden enfadarse, por lo que hay que estar atentos por si son episodios puntuales o sucesos que se repiten a diario en cuyo caso habrá que pedir ayuda profesional.

A la hora de dormir, el perro quiere el sitio más cómodo, y si tiene olor de la familia, mucho mejor. A la hora de salir, tiene ganas, quiere salir rápido. En la hora de comer, su hora favorita, lo antes posible para él, y todo eso lleva décadas enfocado desde un paradigma que nada tiene que ver con la realidad. El malentendido entre especies es muy generalizado en nuestra sociedad, que juega al antropomorfismo promoviendo a partes iguales perros hiperintenligentes, dominantes y humanizados. Ya basta, dejemos de lado la ficción y empecemos con la ciencia.

UN VIAJE SENSORIAL

Los perros escuchan lo que para nosotros es el silencio porque alcanzan frecuencias muy altas, su agudeza auditiva les permite distinguir si la fuente de ruido está parada o en movimiento, así como hacia qué dirección se dirige, por ello, es fácil que alerten acerca de la llegada de alguien a casa o pueden reaccionar según interpreten que lo que escuchan es una posible amenaza. Viviendo en un mundo humano, deben acostumbrarse a ignorar muchos de los sonidos que se producen en casa para disminuir su estrés. Este proceso de habituación a «no oír» se produce lentamente, tened en cuenta que poseen 18 músculos en las orejas para posicionarlas en la dirección del sonido y obtener información, así que su ladrido «sin motivo» está completamente justificado: el hecho de que tú no escuches no implica que él no lo haga.

Menos desarrollado que el del ser humano, el gusto cuenta con cerca de 1 700 papilas gustativas frente a las 10 000 humanas. Teniendo en cuenta esa «escasez», no es de extrañar que los perros no tengan criterio a la hora de elegir qué es lo que se llevan a la boca; básicamente, cualquier cosa susceptible de ser ingerida, son carroñeros, se comerán lo que encuentren lo más rápido posible, sobre todo si aprendió que alguien intentará quitárselo, es normal que no mastiquen la comida, ya que su aparato digestivo puede digerir perfectamente la carne (mucho mejor que los vegetales). Tened presente que el perro puede lamer prácticamente todo, desde su propio cuerpo hasta cualquier cosa que esté al alcance de su hocico, pese a que no nos guste. Esta forma de ingerir moléculas no deja de ser otra manera de relacionarse con el mundo que les rodea y obtener información de ello.

CUANDO OLER ES RECABAR INFORMACIÓN

Nosotros solemos percibir los olores simplemente si nos agradan o nos desagradan, nuestro mundo parece ser inodoro y eso es debido a nuestro humilde sistema olfativo, algo que no ocurre en el mundo canino, nosotros somos más visuales, pero ellos «ven» con la nariz, porque oler no se limita a inhalar algo, es recabar información detallada, un registro preciso y una forma de trasmitir información. Cuentan con un órgano olfativo especial que les permite oler las emociones y las feromonas, pensad a nivel biológico qué gran importancia tiene esto a la hora de aparearse y evitar enfrentamientos.

Nosotros, como humanos, somos máquinas de producir olor a través de la piel, dejamos un rastro de olor por donde pasamos y en

SHUTTERSTOCK

Para dormir, el perro querrá el sitio más cómodo y si tiene el olor de la familia, mucho mejor.

todo aquello que tocamos, es más, aunque no lo toques, si has pasado por ahí, has dejado un rastro de células epiteliales, ¿entendéis ahora por qué los calcetines son una prolongación vuestra para vuestro perro? Cuando le das ese baño de espuma perfumado que le deja como un pompón suave y achuchable, le quitas parte de su identidad, por eso no le gusta, aunque lo acepte.

¿Pueden oler el miedo? Por supuesto, pensemos que las emociones que sentimos vienen acompañadas de cambios fisiológicos en nuestro cuerpo, que liberan sustancias fácilmente percibidas por ellos. Si a mi perro no le gusta alguien, yo, como mínimo, desconfío. Y aquí no hay misticismo, hay ciencia, ya que mi perro está percibiendo algo de la fisiología de esa persona que nosotros no notaríamos ni por casualidad.

Su campo visual es muy superior al del ser humano, aunque ve en menos colores (no es capaz de distinguir el rojo). Para compensarlo, su franja visual les otorga una magnífica detección de movimiento (sobre todo perros de hocico largo, como los retrievers). Pensad que, en su mundo, la comida se mueve, lo que explica la gran obsesión de muchos por perseguir..., aunque en nuestro día a día no son conejos, sino bicis, patinetes, pelotas, etc. Existe una función biológica que impulsa dicha conducta. En el año 2008, el científico Ádám Miklósi descubrió que los perros distinguen objetos en movimiento a distancias de hasta novecientos metros, aunque incapaces de discriminarlos a quinientos metros si estos objetos están estáticos, y también son crepusculares, cuentan con muchos más receptores para detectar luz que el ser humano.

Los objetos rojos no los perciben; así, si lanzas algo rojo a un campo completamente verde, visualmente le costará mucho más que si ese objeto fuera azul o amarillo. Pero aparte de las diferencias fisiológicas clave, os habéis planteado ¿cómo sería ver el mundo a treinta centímetros del suelo, lo enorme que es todo? ¿Qué implica para un perro que no ha tenido un periodo de socialización óptimo, o para otro que, aunque lo haya tenido, vive sin salir del apartamento, o para los que se ven obligados a «enfrentarse» a otros perros y aceptar que un montón de desconocidos les toquen? Como diría la investigadora Jean Donaldson: «Un gran choque de culturas».

HABLANDO EN PERRO

Al igual que los lobos, los perros se comunican a través de muchos tipos de vocalizaciones pero, ante todo, lenguaje corporal, y aquí radica uno de los grandes fallos de convivencia entre especies: malinterpretamos o ignoramos la ingente cantidad de señales que nos trasmiten en todo momento, desde giros de cabeza, bostezos, movimientos varios o incluso quedarse parados, tumbarse al encontrarse con otro perro, tened presente que siempre intentarán evitar los conflictos y un foco común de problemas viviendo en «nuestro mundo humano» es el espacio personal, ya que existe una distancia social cómoda imprescindible para garantizar la paz. Ahora bien, pensad en las aceras, estrechas, donde experimentan encuentros de primer grado, directos y de frente, eso es difícilmente asimilable para ellos.

Los perros nos miran a los ojos en busca de comunicación, pero no solo eso, un estudio de Takefumi Kikusui descubrió que los perros después de mirar a sus seres queridos liberaban oxitocina, hormona que juega un papel primordial en el vínculo materno; diferentes estudios del biólogo e investigador Rupert Sheldrake con cámaras demuestran que los perros pueden anticiparse a la llegada de sus dueños; en su libro *Cuando el hombre encontró al perro*, el zoólogo, etólogo y ornitólogo austríaco Konrad Lorenz, premio Nobel de Fisiología o Medicina, describió a su perro como «una inmensurable suma de cariño y felicidad», nuestra relación es, sin duda, única en la naturaleza.

El adiestramiento moderno trata en última instancia de moldear al perro a gusto del consumidor, cuando debería ser al revés: el contexto y condición personal de cada familia sería la que determinaría el nuevo miembro de la familia y casi nunca es así. El mundo del perro oscila entre polaridades extremas: del líder de la manada a la permisividad disfrazada de adiestramiento en positivo, nada de eso es sano.

SHUTTERSTOCK

Si se le lanza a un perro algo rojo a un campo completamente verde, visualmente le costará mucho más que si ese objeto fuera azul o amarillo.

El premio Nobel Konrad Lorenz describió a su perro como «una inmensurable suma de cariño y felicidad».

Cuanto más sepamos sobre ellos y seamos más conscientes de su forma de ver y entender el mundo, más les estaremos demostrando que nos importan y que los queremos. Así, desde el respeto y la empatía, podremos por fin liberar al *Canis lupus familiaris* de la responsabilidad de ser aquello para lo que se les educa, porque es el antropomorfismo lo que les amarra a una responsabilidad que no les corresponde.

Viaje al interior

CARLOS LOBATO FERNÁNDEZ
Biólogo

SHUTTERSTOCK

El perro viene del lobo. La domesticación del lobo gris *(Canis lupus lupus)* dio lugar a que evolucionara para convertirse en algo diferente, el perro *(Canis lupus familiaris)*. Si atendemos a las pistas que nos aportan los nombres científicos, podemos ver que no se trata de dos especies diferentes, sino que el perro es una subespecie del lobo. Pero son la misma especie. Aunque solo con observar la gran variedad de razas de perro que hay en la actualidad podemos discernir claramente que, a pesar de tratarse de la misma especie, las diferencias entre ellos son múltiples. Dependiendo del criterio biológico que se use, incluso a veces se les puede considerar como dos especies diferenciadas en vez de dos subespecies *(Canis lupus y Canis familiaris)*. En cualquier caso, lo que sabemos con certeza es que los lobos actuales y los perros domésticos son grupos taxonómicos hermanos, ya que ambos descienden de un ancestro común.

La selección artificial, lograda mediante una reproducción intensiva y dirigida, ha dado lugar a una inmensa variabilidad en cuanto a morfología, comportamiento y aptitudes de los perros. En estas líneas vamos a hacer un breve recorrido por la fisiología de ambos animales, perros y lobos, para mostrar cuáles son las diferencias y similitudes, más allá de lo que vemos a simple vista. También será interesante ver las semejanzas con los seres humanos, ya que compartimos con ambos la condición de mamíferos.

JOSÉ A. CASTELLÓ

Si atendemos a las pistas que nos aportan los nombres científicos, podemos ver que no se trata de dos especies diferentes, sino que el perro es una subespecie del lobo.

ALIMENTACIÓN Y APARATO DIGESTIVO

Tanto el lobo como el perro son animales claramente carnívoros, sin embargo, la domesticación y la variada dieta a la que se ven sometidos los perros ha hecho que se produzcan cambios fisiológicos en el aparato digestivo de nuestros fieles compañeros.

Recientemente se han encontrado diferencias genéticas entre ambas especies que indican que los perros tienen mayor capacidad para digerir alimentos ricos en glúcidos, lo que les ayuda a adaptarse mejor al entorno humano. Debido a esta mayor capacidad, muchos de los productos alimenticios actuales para perros no son aptos para los lobos. Basándonos en la alimentación de los lobos, podemos afirmar que la de los perros domésticos es muy diferente. En el entorno natural, los lobos se alimentan de presas a las que matan, carroña y, ocasionalmente, hierbas y frutas. De las presas aprovechan prácticamente todo: carne, huesos, vísceras e incluso la piel y el pelo, que ayuda a la digestión y el tránsito intestinal. El pescado también es fundamental en la dieta de los lobos. En el análisis nutricional de este tipo de dieta se observa que tiene una base de proteína y grasa y es muy baja en glúcidos.

Está claro que los perros no son lobos, pero comparten un aparato digestivo común, así que, en términos fisiológicos, los perros son por dentro lobos de pleno derecho. El sistema digestivo de los perros es bastante similar también al nuestro y cuenta con los mismos órganos de los que disponemos los seres humanos, aunque podemos remarcar algunas diferencias significativas: los perros tienen cuarenta y dos dientes, frente a los treinta y dos nuestros, sus mandíbulas son más potentes y fuertes que las nuestras. El esófago es un tubo alargado proporcional al tamaño del cuerpo y conecta con el estómago que puede contener un volumen importante, de hasta ocho litros en perros de gran tamaño. En su interior se mantiene

SHUTTERSTOCK

Los lobos aprovechan prácticamente todo de sus presas: carne, huesos, vísceras e incluso la piel y el pelo, que ayuda a la digestión y el tránsito intestinal.

una acidez elevada con un valor de pH que oscila entre uno y dos, mientras que en humanos varía de uno a tres. Su intestino delgado puede medir entre dos y seis metros, dependiendo también del tamaño del perro. El intestino grueso apenas mide entre veinte y ochenta centímetros de longitud, pero tiene un tránsito muy lento.

CIRCULACIÓN Y APARATO CIRCULATORIO

El aparato circulatorio de los perros consta de los mismos componentes básicos que el de los demás vertebrados: un corazón y muchos vasos sanguíneos, como arterias, arteriolas, capilares, vénulas y venas. El corazón del perro es un órgano hueco con forma cónica constituido por músculo estriado cardiaco, cuyo interior está dividido en cuatro cámaras, las cuales están separadas por tabiques musculares y aperturas con válvulas. Su ubicación es en la zona media del tórax, inclinado hacia el

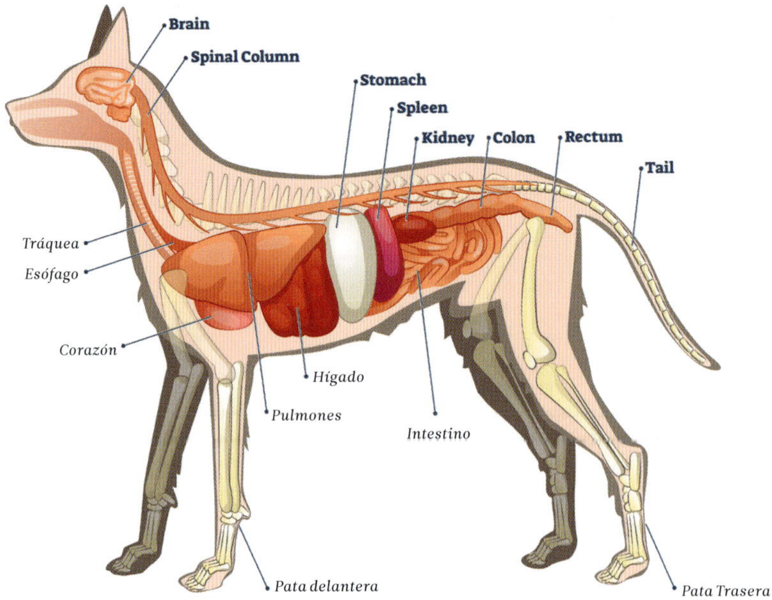

SHUTTERSTOCK

SISTEMA VASCULAR

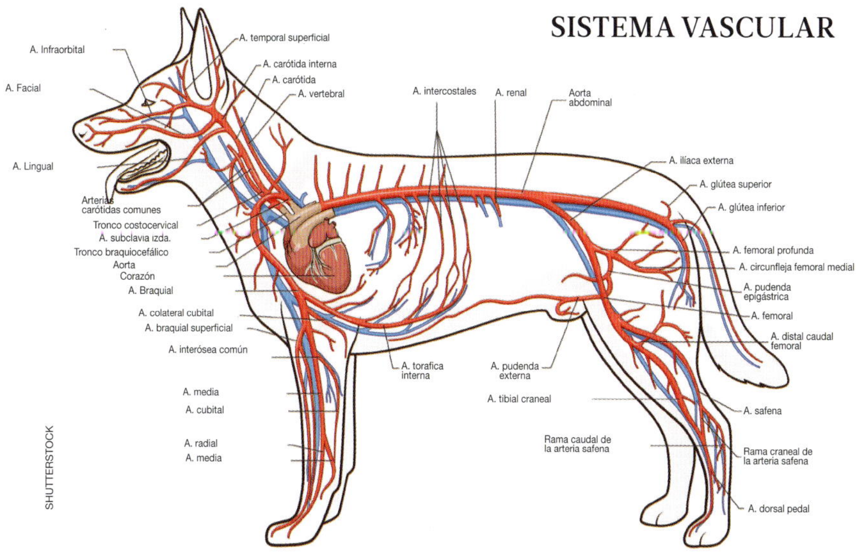

SHUTTERSTOCK

lado izquierdo. El sistema de vasos sanguíneos es muy similar al nuestro, presentando una anatomía arterial y venosa similar, incluso con las válvulas semilunares en las venas.

Del mismo modo presenta también una circulación menor, entre el corazón y los pulmones, y una mayor, entre los pulmones y el resto de órganos del cuerpo. Mediante contracción de la fibra muscular cardiaca (sístole) y la relajación de la misma (diástole), la sangre se mueve por los diferentes compartimentos. La sangre pasa de las aurículas a los ventrículos y de estos a las grandes arterias, en un flujo unidireccional gracias a las válvulas. Cuando la sangre cambia de compartimento, las válvulas se cierran originando los característicos ruidos cardiacos.

Como en el caso del lobo, y también del humano, los perros cuentan con un componente linfático que juega un importante papel en las funciones inmunitarias, pero también en el mantenimiento de la volemia, es decir, del volumen sanguíneo. Los vasos linfáticos forman un circuito abierto cuyos capilares se encuentran muy próximos a los capilares sanguíneos, para recoger el excedente de líquido que queda en dicha zona y devolverlo a la circulación sanguínea.

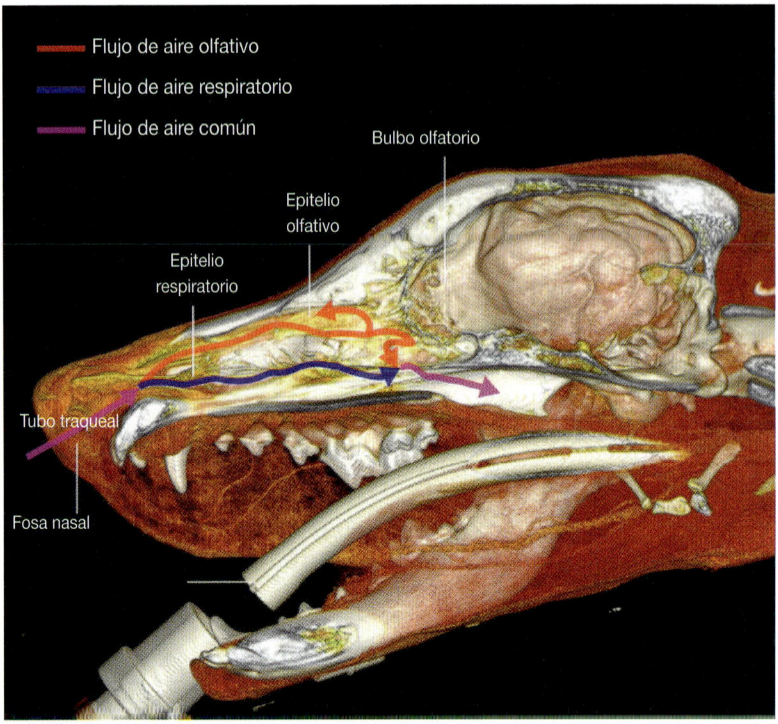

La espiración-inspiración suele realizarse unas veinticinco veces por minuto, en reposo, los perros de mayor tamaño, unas quince veces por minuto y los humanos adultos sanos, entre doce y veinte veces por minuto.

RESPIRACIÓN Y APARATO RESPIRATORIO

La respiración en perros es básicamente igual a la de los lobos y también a la de los humanos. Consta de dos movimientos pulmonares, la espiración y la inspiración, que se realizan gracias al diafragma y a los músculos intercostales. Con ellos, se consigue llevar oxígeno a todos los órganos del cuerpo. En los perros, cada ciclo de espiración-inspiración suele realizarse unas veinticinco veces por minuto, en reposo. En las razas de perro de mayor tamaño baja hasta unas quince veces por minuto, mientras que los humanos adultos saludables realizan entre doce y veinte ciclos por minuto.

APARATO RESPIRATORIO

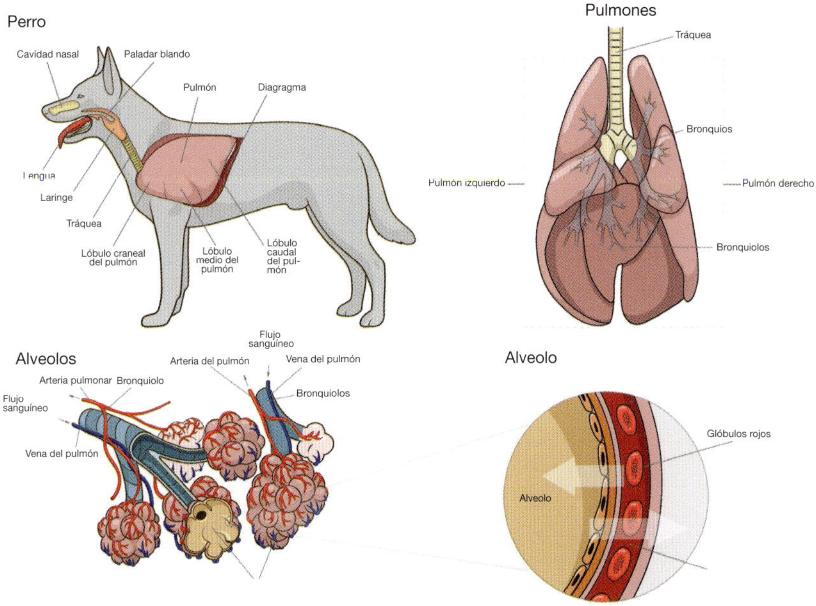

SHUTTERSTOCK

REPRODUCCIÓN Y APARATO REPRODUCTOR

Las lobas dan a luz camadas de entre cuatro y seis cachorros, tras una gestación de unos sesenta y cinco días, al igual que las perras. Las crías de lobo reciben el nombre de lobeznos desde que nacen hasta que tienen unos cinco meses de edad; después pasan a llamarse lobatos, hasta que tienen unos diez meses y pasan su primer invierno. A partir de entonces pasan a ser lobos adultos jóvenes, que no alcanzarán la madurez sexual hasta que no tengan dos o tres años. Las crías de perro se conocen como cachorros de manera genérica. La mayoría de perros de razas de talla mediana o pequeña son maduros sexualmente al llegar a los seis meses de edad, siendo aún cachorros. En ese momento, sus órganos sexuales están completamente desarrollados y son capaces de reproducirse. Sin embargo, las razas más grandes maduran aproximadamente a los catorce meses. Desde el punto de vista físico, los perros alcanzan su máximo

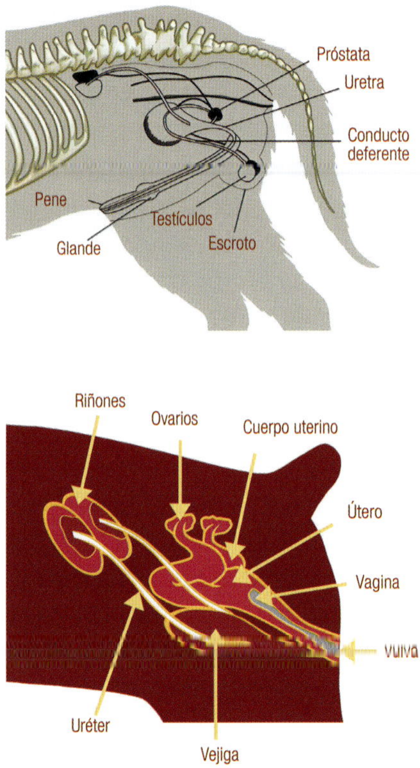

Tanto en perros como en lobos se puede dar la superfecundación heteroparental, que se fecunden a la vez dos óvulos distintos por espermatozoides procedentes de distintos padres.

desarrollo cuando cumplen un año, aunque las razas de mayor tamaño pueden seguir creciendo hasta los dos años.

Tanto en perros como en lobos se puede dar un fenómeno llamado superfecundación heteroparental, que ocurre cuando se fecundan a la vez dos óvulos distintos de la hembra por espermatozoides procedentes de distintos padres. En humanos es algo bastante infrecuente y tiene que dar la casualidad que en uno de los ciclos menstruales se produzcan dos ovulaciones, una en cada ovario de la mujer, que esta esté con varias parejas (al menos dos hombres distintos) y que cada uno de los óvulos sea fecundado por el esperma de un hombre distinto. En el caso de que todo esto confluyera, nacerían dos niños mellizos, hermanos de madre, pero de distintos padres. La superfecundación heteroparental, a pesar de ser rara en humanos, es bastante habitual en perros, y por extensión, también en lobos. En estos casos, una perra o una loba pueden tener una camada en la que los cachorros sean de distintos padres.

SISTEMA NERVIOSO

El sistema nervioso de los cánidos es bastante similar entre ellos, pero uno de los cambios anatómicos más llamativos que podemos observar en los perros con respecto al lobo, es el cráneo. De hecho, muchas veces el propio cráneo es una de las características que sirven para diferenciar o definir una raza.

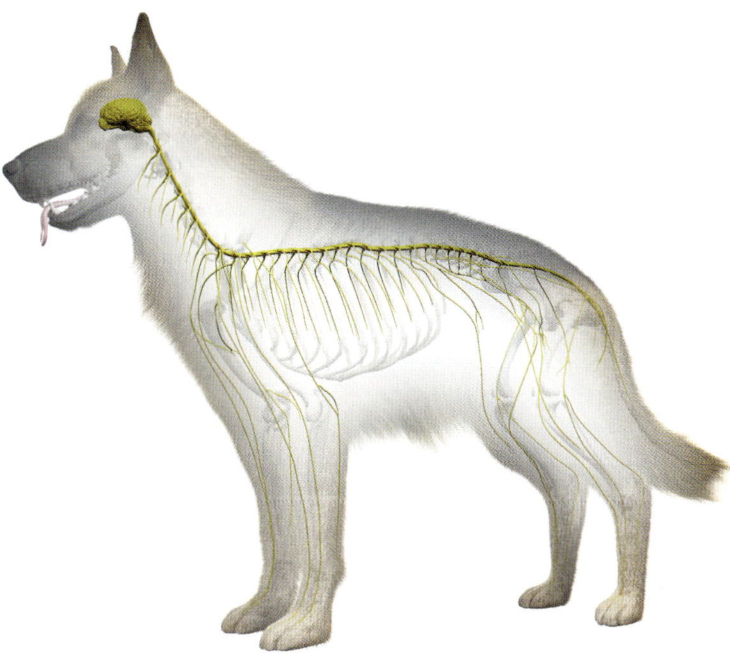

SHUTTERSTOCK

SHUTTERSTOCK

Tanto perros como lobos se mueven en manadas, aunque los lobos desarrollan estructuras sociales muy complejas, con una pareja reproductiva a la cabeza.

Una consecuencia directa de lo anterior es que el tamaño del cerebro de los perros, en término medio, se ha reducido un 30 % en relación al tamaño del cerebro de los lobos. Estos cambios morfológicos en la anatomía cerebral se deben a la selección artificial. Además, se relaciona la reducción de tamaño con respecto al de los lobos, con una disminución del sistema límbico, que aumentó la tolerancia hacia los humanos, modificando las reacciones de huida o lucha.

ÓRGANOS DE LOS SENTIDOS

Si atendemos a los órganos de los sentidos y el uso que le dan los perros, en comparación con los humanos, tienen casi superpoderes. Los perros y los lobos tienen un olfato cincuenta veces más eficaz y preciso que el de los seres humanos, pueden olfatear por los dos orificios de manera independiente, enviando la información a zonas diferentes del cerebro. Es como una especie de «olfato en estéreo» con el que entienden su entorno de la misma manera que los humanos lo hacemos con la vista. Teniendo unos 280 millones de receptores, en comparación con los cinco millones que tenemos nosotros, su sensibilidad es muy superior a la nuestra. Gracias a ello necesitan menor concentración de partículas de olor para detectar la presencia de una sustancia o pueden detectar los componentes de mezclas, lo que explica que se les entrene para detectar drogas o explosivos.

Su oído es muy fino, pudiendo orientar sus orejas hacia la fuente del sonido. Sus orejas cuentan con diecisiete músculos que les permiten localizar el origen de un sonido. Gracias a ello, los lobos y los perros actuales pueden localizar a sus presas y depredadores, al igual que hacían sus antepasados. Oyen un espectro de sonidos muy amplio, incluyendo los más débiles que son imperceptibles para nosotros. El lado negativo de esto es que a partir de unos 80 dB la sensibilidad de su oído alcanza su umbral de dolor.

En cuanto a la vista, los perros presentan una visión crepuscular, que en la oscuridad es mejor que la nuestra, como muchas otras especies de animales mamíferos con hábitos nocturnos. La creencia popular de que los perros ven en blanco y negro es un mito, ya que ven el mundo en colores, aunque sean unos colores diferentes a los que vemos nosotros. Nuestra visión se basa en tres colores, mientras que la de los perros se basa en dos. Pueden ver los colores amarillo y azul-violeta. Además, los humanos percibimos los colores de manera más intensa y brillante, mientras que ellos los ven más pobres y con tonalidad pastel. Su mayor sensibilidad a la luz les permite ver en condiciones de escasa iluminación. Esto es posible gracias a una mayor cantidad de receptores que se activan con poca luz y a la presencia de una estructura que actúa como un espejo reflejando la luz en el interior del ojo y provocando una mayor estimulación de la retina. Los perros tienen los ojos muy sensibles al movimiento, sobre todo en condiciones de penumbra o en grandes distancias, aunque su visión lejana es más borrosa que la nuestra. También hay diferencias con respecto a nosotros debido a la posición más lateral de sus ojos, frente a la posición frontal humana. Debido a ello, tienen una visión más periférica, y se reduce la zona de visión binocular.

SHUTTERSTOCK

Los perros son extremadamente sociables, mientras que los lobos son más territoriales y más precavidos ante situaciones desconocidas o peligrosas.

El tacto de los perros es muy similar al humano, exceptuando la nariz y las almohadillas, zonas especialmente sensibles. Los perros poseen unos pelos especiales llamados vibrisas, que aumentan la sensibilidad táctil en ciertas partes del cuerpo. Se trata de pelos largos, rígidos y muy sensibles, que se localizan al lado de la nariz, encima de los ojos, en las mejillas y barbilla y debajo de la mandíbula.

En el caso del gusto presentan más limitaciones que nosotros. Solo cuentan con unas mil quinientas papilas gustativas, frente a las nueve mil nuestras. Los perros pueden discriminar los sabores ácidos, amargos, dulces e, incluso, umami, pero no detectan el sabor salado. Su sensibilidad al sabor umami sí es superior a la nuestra, lo que refleja sus preferencias dietéticas, puesto que los alimentos ricos en proteínas y aminoácidos, como por ejemplo la carne, tienen este sabor.

COMPORTAMIENTO

Los perros son extremadamente sociables, mientras que los lobos son más territoriales y más precavidos ante situaciones desconocidas o peligrosas. Se ha comprobado que su capacidad para mirarnos a los ojos es clave para explicar el fuerte vínculo que los perros mantienen con los humanos. En ambos, perros y humanos, cuando comparten miradas, se produce un gran aumento en los niveles de oxitocina, hormona relacionada con la conducta maternal, con los comportamientos sociales, sentimentales y los patrones sexuales. Varios estudios sobre el tema han demostrado que cuanto más tiempo se pasan mirándose a los ojos perro y humano, mayor es el nivel de oxitocina, con un aumento del 130 % en los cánidos y del 300 % en los humanos. Los mismos experimentos replicados con lobos criados a biberón y humanos no mostraron cambios similares en los niveles de oxitocina.

También hay diferencias en las formas de comunicación, puesto que mientras que los perros ladran, los lobos gruñen y aullan.

Tanto perros como lobos se mueven en manadas, aunque los lobos desarrollan estructuras sociales muy complejas, con una pareja reproductiva a la cabeza, mientras que en los perros domésticos difícilmente se puede dar esta situación.

CONCLUSIÓN

Hemos comprobado que perro y lobo no son lo mismo, a pesar de su parentesco. Pero también hemos comprobado que comparten mucho entre sí, lo cual es perfectamente lógico y razonable. Parece mentira que de aquellas primeras fieras que por curiosidad, hambre o la suma de estos y otros factores, se acercaron a los campamentos del hombre primitivo hayamos conseguido, por selección artificial, a unos fieles compañeros, unos incansables guardianes, que nos acompañan y nos ayudan en nuestro día a día. Nuestros lobos familiares son una de las pocas reminiscencias que nos quedan, en nuestro modo de ser urbanita, de nuestra vida pasada en la naturaleza.

El sistema de comunicación del perro

LEILA PALLARÉS
Etóloga

SHUTTERSTOCK

El lenguaje es el único método de comunicación que tenemos los seres vivos, cada uno a nuestra manera, haciendo que como especie nos distingamos y seamos únicos.

Cuando hablamos de lenguaje canino nos referimos al sistema de comunicación que emplea el perro con los de su misma especie, incluso en algunas situaciones con nosotros.

El perro, a diferencia del humano, cuando se quiere comunicar, hace más uso de su expresión corporal, ya que es el método con el que más puede interactuar. Nosotros, como parte de la vida del perro, hemos aprendido a interpretar las señales y así poder atender sus necesidades.

¿CÓMO UTILIZAN CADA PARTE DEL CUERPO?

LA CONEXIÓN ENTRE LA CAVIDAD BUCAL Y NASAL. Si prestamos atención, alguna vez podemos observar cómo nuestro perro lame la orina de otros y, seguidamente, chasquea los dientes, incluso podemos apreciar cómo saliva un poco; esto puede parecer una conducta un poco extraña, pero realmente tiene mucho sentido. Al chasquear los dientes, nuestros perros saborean y pasan ciertas partículas al órgano de Jacobson.

Este órgano se encuentra entre la cavidad nasal y bucal a través del paladar duro y presenta una abertura justo detrás de los incisivos medios en la mandíbula superior. Es muy interesante,

Los perros suelen recurrir a este gesto para pedir a un humano recursos, como juego, comida, atención o afecto.

ya que gracias a él recogen información a través del olfato como, por ejemplo, hormonas, feromonas, oler posibles presas…

El lamer y oler también les ayuda a conocer con detalle el sexo, la edad y estado de salud de otros perros, además, pueden llegar a apreciar características físicas y psicológicas, como si el otro perro es joven o mayor, si está estresado, medicándose o en celo...

LAMER, ¿EN QUÉ CONTEXTO PUEDE UTILIZARLO EL PERRO?

Los lamidos de perro a humano son muy importantes para el animal, ya que pueden recoger información valiosa sobre la persona como, por ejemplo, si ha comido recientemente; en este caso, es posible que la comida esté cerca y pueda ser un buen momento para pedir.

SHUTTERSTOCK

Cuando el perro se quiere comunicar, hace uso de su expresión corporal, ya que es el método que más pueden emplear para relacionarse con su entorno.

También, pueden recoger datos muy importantes de dónde ha estado, si ha estado en contacto con otros humanos o animales, además, el estado de salud de la persona, el estado de ánimo o, incluso, si hay químicos en su piel.

En algunas ocasiones también lamen para «limpiarte» o como sinónimo de amor.

En otros casos, puede estar pidiendo, desde una postura sumisa y gentil, espacio ante una situación tensa, es un modo de evitar el conflicto.

Los perros también usan este lamido cuando están ansiosos, expectantes o esperan algo. Como podéis ver, el acto es uno de los gestos más importantes del perro como método de comunicación principal con los humanos. Pero ¿qué hay de los lamidos entre perros?

En muchas ocasiones, lame a otro para expresar cariño y afecto, es una manera de mostrar que va con buenas intenciones y más del lado sumiso. En otros casos, les ayuda a relajarse, crear vínculos y expresarse.

LAMERSE LOS BELFOS. Ante situaciones de estrés podemos apreciar que se relame los belfos, es otra señal de calma que suele utilizar para dar a entender que no está cómodo ante una interacción, situación o entorno en el que se encuentra.

REVOLCARSE EN SUSTANCIAS OLOROSAS O LO LLAMADO COMÚNMENTE «LA CROQUETA»

Es muy habitual observar a los perros tener esta conducta, cuando uno hace esto es porque experimenta niveles altos de estrés positivo.

En ocasiones podemos apreciar cómo otros perros tienen una conducta de imitación y se unen a la fiesta de las croquetas. Esta conducta es usada para múltiples situaciones como recoger y dejar información a otros individuos, por ejemplo, cuando ha detectado un olor intenso de otro animal muerto, entonces es una señal para llamar la atención a otros perros, de que ha encontrado rastros de algo comestible. Incluso hay teorías en las que se cree que pueden utilizar esta conducta para atraer a individuos de la misma especie, ya que el olor frecuentemente es un gran símbolo de estatus para un perro, los humanos usamos perfume caro y otros utilizan elementos de la naturaleza.

EL MARCAJE ORINANDO Y DEFECANDO

Aunque parezca curioso, los perros también marcan defecando. Las heces suelen ser lubricadas con un aceite que se encuentra en las glándulas anales, este aceite que recubre las heces contiene partículas olorosas que otros cánidos son capaces de identificar.

A algunos les gusta escoger el área perfecta para no pasar desapercibidos por otros perros y dejar su información depositando en dicha localización las heces.

En el caso de la orina, suelen marcar tanto hembras como machos. Se tenía entendido que era solo un comportamiento exclusivo de los machos y que las hembras solo marcaban cuando estaban fértiles o en periodos próximos a serlo, pero esta teoría es errónea, ellas también usan esta herramienta para dar a conocer su estado de salud, edad y otros factores, independientemente de si están en celo.

El marcaje es una herramienta muy importante de comunicación, ya que en todo encuentro perro con perro pueden dejar rastros de su identidad y ayudar a ser más fluido el saludo dependiendo de la situación.

EN EL CASO DE LA MIRADA, ¿CÓMO FUNCIONA?

En el lenguaje canino, permanecer durante periodos prolongados sosteniendo la mirada perro con perro suele ser de mala educación y puede acarrear tensión y desencadenar un

SHUTTERSTOCK

Permanecer durante periodos prolongados sosteniendo la mirada perro con perro suele ser de mala educación y puede acarrear tensión y desencadenar un conflicto.

SHUTTERSTOCK

En este saludo, los perros están interesados en conocer ciertas características, además, es uno de los saludos más educados que podemos apreciar.

conflicto, por eso, cuando saluda a otro o socializa utiliza señales de apaciguamiento, no sosteniendo la mirada fijamente, utilizando el olfato, respetando tiempos y espacios.

OJOS DE BALLENA. Hace un tiempo se hizo viral en las redes sociales un gesto que utilizan a menudo nuestros perros. A gran parte de dueños, esta forma de mirar les parecía adorable, sin saber lo que realmente significaba, así que empezaron a grabar y publicar sin saber lo que realmente en ese momento estaba necesitado. Básicamente, cuando un perro hace «la típica mirada de ojos de ballena» está pidiendo desesperadamente espacio, él suele recurrir a este lenguaje corporal cuando se siente atrapado y necesita que lo que le genera este conflicto se aleje. En raras ocasiones, si no se respeta el espacio pueden llegar a atacar por sentirse acorralados.

Podemos apreciar cómo su mirada no mira fijamente, más bien está con la cabeza ladeada presentando las pupilas dilatadas, la boca se presenta abierta y podemos escuchar cómo llegan a jadear; esto pasa porque en ocasiones el nivel de estrés se incrementa por la situación.

OJOS SUAVES O CALMADOS. Esto es señal de que está tranquilo en la situación que le rodea. Suelen ser en momentos donde el lugar y las relaciones con otros individuos son favorables, es una forma en la que exteriorizan calma y felicidad sin tener la necesidad de confrontación o estar en alerta.

Su lenguaje corporal se muestra de la siguiente manera, podemos apreciar mandíbula relajada, postura corporal calmada sin presencia de tensión o inmovilización, ojos almendrados sin permanecer fijos a ciertos estímulos.

OJOS DE DESEO O SÚPLICA. Este lenguaje es exclusivamente usado para comunicarse con los humanos, ya que, como se comentó, de perro a perro puede ser una conducta de mala educación e irrespetuosa.

Los perros suelen recurrir a este gesto para pedir a un humano recursos, como juego, comida, atención o afecto.

Podemos apreciar cómo su mirada se abre y las cejas suben, en esta situación los perros hacen contacto visual ininterrumpido con los humanos para conseguir ciertos recursos. Esto fue una de las claves para la domesticación del perro por nuestros antepasados.

OJOS ENTRECERRADOS. Cuando la mirada de un perro está tratando de eludir el contacto visual a toda costa, a veces incluso podemos ver cómo sacan y esconden la lengua continuamente, apreciando un pestañeo continuo junto con la mirada entrecerrada; seguramente, está atravesando alguna situación en la que se siente incómodo, puede ser que la actitud de un integrante del grupo esté siendo demasiado intensa sin respetar los tiempos de calma y las señales de apaciguamiento establecidas entre ellos.

En ocasiones, el perro también puede estar en una situación incómoda pudiendo llegar a sentir temor; en estas situaciones, podemos apreciar que a los gestos explicados anteriormente se suma una postura encorvada y la cola escondida con la cabeza baja.

OJOS Y POSTURA RÍGIDA. Podemos apreciar cómo el perro tiene contacto visual directo sin apenas pestañear, orejas bien elevadas y acompañadas de una postura corporal rígida, la boca permanecerá cerrada con fuerza.

En estas situaciones, el animal está preparado para una confrontación con otro individuo. Suele pasar en situaciones que le preocupan o le incomodan bastante. Si el perro ha llegado a esta situación claramente se habrán ignorado las señales previas o en un pasado no le sirvieron.

LA CONDUCTA DE MONTA

Es el movimiento que realizan los machos para emparejarse, sin embargo, en diferente contexto que no sea procrear, suele aparecer por determinados motivos.

En ocasiones, en ciertas situaciones de estrés generado por otros individuos o por el ambiente que le rodea, el perro suele recurrir a esta conducta independientemente del género que sea, esto suele llamarse actividad de desplazamiento.

Las actividades de desplazamiento se realizan en una situación específica, para cambiar la motivación y escapar de la misma, el individuo obtiene una sensación de confianza realizando una acción con la que se siente seguro y está relacionado con algo placentero para él.

En ocasiones, un perro puede tratar de desviar un miedo hacia una motivación sexual, bien dejando al descubierto su parte trasera o montando.

En determinadas ocasiones, ciertos expertos siempre han unido esta conducta a un mero acto de dominancia, pero se ha descubierto que no toda la motivación es causada por esto.

LA POSTURA DE LAS OREJAS INDICA MUCHO

OREJAS EN ALERTA. Suelen presentarse en alto y estar de frente. En estas situaciones, el perro puede experimentar un estado de excitación, interesado o atento a ciertos estímulos, entorno o individuos.

Hay que recordar que no solo hay que prestar atención a esta postura, siempre hay que mirar el resto del cuerpo y analizar la situación en la que se encuentra.

OREJAS CAÍDAS. Podemos apreciar unas orejas caídas pero no pegadas a la cabeza, los perros pueden tener esta conducta si se sienten intimidados por otro individuo u otro individuo no ha sido gentil a la hora de saludar.

También pueden tener este gesto en el caso de ser ellos los que se acercan a un individuo, suele ser una señal calmada y sumisa sin confrontación para indicar una bienvenida o, bien, acercarse adecuadamente tratando de no ser invasivo y mantener una postura respetuosa.

OREJAS CAÍDAS PEGADAS A LA CABEZA. Esta postura suele ir acompañada del resto del cuerpo paralizado y la cola escondida. Es un claro signo de que el perro no puede sobrellevar la situación y está llegando a entrar a un nivel de ansiedad elevada, cerca del pánico.

En ciertas ocasiones, también está relacionado con un sentimiento de miedo o tristeza.

Hay que tener en cuenta que siempre existe una postura neutral y calmada de las orejas cuando el perro está apaciguado.

OREJAS EN ALERTA POR UN SONIDO QUE LES TRANSMITE CURIOSIDAD. Seguramente habréis apreciado cómo por determinados sonidos nuestros perros responden ladeando la cabeza en una dirección y, al momento, en otra, esto lo hacen para captar mejor los sonidos que están alrededor y les transmiten curiosidad, es una forma de saber de dónde proceden con exactitud.

Con esta acción, el perro indica que no quiere establecer una relación con otro perro.

ESCONDERSE DETRÁS DE LAS PIERNAS DE SU FAMILIAR HUMANO

Durante bastante tiempo se ha malinterpretado esta conducta. Se ha creído que era desfavorable, pero lo que el perro simplemente indica es que no quiere establecer una relación con otro perro, de hecho, puede que esté siendo demasiada energética para él o, simplemente, el individuo que se le ha acercado le imponga temor y quiera resguardarse en un lugar seguro. Lo más apropiado en estas situaciones es marcharse del lugar, porque en ciertas ocasiones, si no se reacciona a tiempo, puede llegar a recurrir a la violencia para protegerse.

LOS SALUDOS EN LOS PERROS

El saludo en los perros es cuando dos individuos muestran sus intenciones pacíficas. Hay que comprender que el saludo es una ramificación de la agresividad, es un comportamiento ritualizado.

En animales sociales como los perros, en vez de tener conflicto, han desarrollado esta actividad ritualizada para no presentarse como una amenaza, en el saludo podemos apreciar que hay comportamientos modificados, como en el sexual o en el paternal, normalmente, cuando dos individuos tienen aproximadamente la misma edad puede desencadenar el juego.

En el saludo podemos apreciar cómo regularmente empiezan olisqueando precavidamente el hocico del otro por un periodo de tiempo corto para pasar a los genitales.

Si en el instante del saludo apreciamos que hay contacto directo mirada con mirada y el momento de olisquear el hocico y genitales se extiende es señal de ser irrespetuoso y un poco tenso.

ESTIRANDO LAS PATAS DELANTERAS. Es una actitud juguetona, suele presentarse con más frecuencia en perros jóvenes cuando están a punto de empezar el ritual de saludo, es práctico para dejar claro sus intenciones de juego y felicidad por el encuentro.

SHUTTERSTOCK

El lenguaje es el único método de comunicación que tenemos los seres vivos, cada uno a nuestra manera, haciendo que como especie nos distingamos y seamos únicos.

Podemos apreciar cómo sus ojos y orejas se encuentran en una posición calmada sin necesidad de alerta.

SALUDO ALEGRE. Suele ser un saludo habitual entre los perros y también con las personas, lo muestran cuando sienten felicidad por encontrar a un amigo o humano de forma tranquila y sintiendo emoción, podemos apreciar cómo su expresión facial es relajada con la boca medio abierta y dejando caer la lengua calmadamente, los movimientos del cuerpo no son rígidos, más bien hay ligereza y contoneo de patas y cola activos que muestran su alegría.

OLISQUEAR EL HOCICO Y TERMINAR CON LA COLA. Como previamente se ha explicado acerca del marcaje orinando y defecando, los perros tienen en el ano unas glándulas que lubrican las heces en un aceite que las recubre y contiene partículas olorosas.

En este saludo, los perros están interesados en conocer ciertas características de cada uno, digamos que es uno de los saludos más educados que podemos apreciar.

Siempre se empezará brevemente por el hocico para ir continuamente en dirección a los genitales. Podemos apreciar cómo puede llegar a lamer la zona, para obtener mejor la información el uno del otro, y terminar en la cola, ya que ahí se encuentran las partículas olorosas que darán más detalles del perro, por ejemplo: edad, estado de salud y condición sexual.

SALUDOS BREVES E INFORMALES EN PERROS. Suelen ser saludos de periodo corto y no se extienden más de un toque de nariz mutuo. Podemos apreciar la postura corporal relajada, acostumbra a ser un acto de curiosidad.

SALUDANDO AL ACECHO. Suele ser típico en razas como el collie o perros de pastoreo. Podemos apreciar que cuando encuentran un perro se tumban y sus orejas pasan a estar atentas esperando a que se acerque el otro perro. Una vez se ha acercado, suele aproximarse dando un pequeño salto con ímpetu; esto no es una mala conducta, es otra alternativa de saludo. Hay que

SHUTTERSTOCK

Gracias al juego, los perros aprenden a medir su intensidad, de modo que les ayuda a relacionarse entre sí; el juego es importante para el aprendizaje.

ir con cuidado porque algunos perros miedosos, inseguros o adultos se lo toman como una falta de respeto o invasión.

BOSTEZOS

Los perros comparten esta característica con los humanos, incluso, en determinadas ocasiones, podemos escuchar un sonido emitido por el bostezo. Se suele pensar que el bostezo solo está asociado al cansancio o al aburrimiento, pero en los perros esta conducta es más que eso, ya que suele ser una conducta de desplazamiento para situaciones de inseguridad, excitación, vergüenza o apaciguamiento hacia otros, también, es una señal de alivio pasada una situación estresante.

EL JUEGO EN LOS PERROS

En el juego se entremezclan distintas emociones que no llegan a ser problemáticas, es como un ritual donde se puede apreciar signos de agresión, persecución, señales de calma, comportamientos infantiles, incluso, sexuales. Gracias al juego, los perros jóvenes aprenden a medir su intensidad de modo que les ayuda a relacionarse con otros de distinto rango y edad, el juego es importante para el aprendizaje.

¿QUÉ PODEMOS ENCONTRAR EN EL RITUAL DE JUEGO?

JUEGO DE CONTACTO. Podemos encontrarnos con este tipo de juegos simulando una pelea. En ocasiones, hay presencia de vocalizaciones como gruñidos y, de vez en cuando, algún ladrido. Se intercambian mordiscos sin presión por ambas partes y siempre hay tiempos de descanso, todo juego tiene momentos para bajar la intensidad, porque si nos encontramos en caso contrario, podría dar pie a una rivalidad por no respetar el espacio.

Los momentos de descanso pueden observarse cuando algún perro decide tumbarse, irse a olfatear, cortar contacto visual o sacudirse.

En este juego siempre se intercambiarán los papeles de depredador y presa, también es habitual observar cómo los perros grandes se ponen a la altura de los más pequeños para así tener igualdad de condiciones.

JUEGO PERSECUTORIO. Se inicia con una provocación. El que provoca quiere ser perseguido y suele hacer posturas como pegar las patas delanteras al suelo y subir la cola. Se puede observar un contoneo de cola juguetón, a veces en esta postura también hacen uso del ladrido para incentivar la reacción del oponente. Otras formas de reclamar este juego sería ladrando y dando toques con el hocico en el cuello o mordisqueando un poco las patas traseras.

EXPRESIONES FACIALES DE JUEGO. Podemos observar los ojos de ballena, simulación de mordisquear, boca abierta y, en ciertas ocasiones, mostrar los dientes. Todo esto también puede estar acompañado de vocalizaciones dependiendo de la situación de juego; en los juegos, habitualmente, los perros comprenden y respetan las señales de calma del prójimo, pero en ocasiones hay que ser precavido y prestar atención para evitar conflictos innecesarios.

POSTURA CORPORAL EN LOS PERROS Y EL ESTRÉS

POSTURA RELAJADA. Podemos apreciar cómo el perro mantiene todo su cuerpo libre de tensión, suelen llevar la cola en una posición intermedia acompañada de un contoneo suave, presentan la boca abierta ligeramente y los ojos almendrados, ni muy abiertos ni muy cerrados, las orejas no están en una posición concreta, ya que están moviéndose para captar los sonidos que se encuentran en el entorno. Este tipo de conducta se suele apreciar en entornos favorables, libres de contaminación acústica y más en la naturaleza.

POSTURA INSEGURA. En estas situaciones, el perro suele ser más cauto en el entorno en el que está, se puede ver cómo apoya más las patas delanteras y se queda fijo con la mirada fija visualizando ciertos estímulos de su entorno.

También hay una gran diferencia en cuanto a la postura relajada, ya que hace uso del olfato de un modo ansioso. En esta situación suelen tener la cola y la cabeza bajas y hay muchos momentos de pausas para poder recoger más información de su entorno.

POSTURA EN ALERTA. Cola, orejas y cabeza se encuentran en una postura elevada, regularmente los ojos apuntan hacia un estímulo o individuo en concreto, mayoritariamente, cuando ocurre esto suele ser a causa de un cambio en el entorno que les provoca interés.

AL ACECHO. Como previamente se ha explicado acerca del saludo, esta costumbre es muy popular en ciertos grupos de perros. De todos modos, dependiendo de la situación puede ser alarmante, ya que algunos utilizan este recurso para enfrentar un peligro y suele terminar en un acto de agresión.

Observamos como si un depredador estuviera acechando a su presa, acercándose lentamente desde una postura baja y cuerpo sigiloso sin apenas movimiento en cola, orejas o mirada.

Aquí podemos observar como si un depredador estuviera acechando a su presa. Hay dos formas de realizarla: una tumbándose y otra, en forma activa, como acercándose lentamente desde una postura baja y cuerpo sigiloso sin apenas movimiento en cola, orejas o mirada.

FRENÉTICA. Muchas veces se suele confundir esta postura corporal como felicidad extrema, pero realmente cuando un perro trata de saltar hacia cualquier persona está sintiendo grandes niveles de estrés y frustración, no se trata de un acto impulsivo por saludar.

Cuando está frustrado a este nivel, podemos apreciar cómo la cola se mueve energéticamente y su respiración se acelera abriendo la boca y dejando caer la lengua, también podemos apreciar cómo las orejas las mantienen pegadas a la cabeza.

ASUSTADO. Esta situación ocurre cuando un perro trata de evadir una interacción o bien su entorno le está creando inseguridad y no se siente cómodo.

Aquí, su postura corporal se arquea escondiendo la cola, es como si quisiera hacerse pequeño para pasar inadvertido, podemos apreciar cómo también mantiene la cabeza cabizbaja y la boca cerrada. Esta postura es una forma de ser sigilosos y evitar cualquier tipo de interacción, si no se respeta el espacio del perro, podría pasar a recurrir a la «defensa» por sentirse atemorizado y atrapado.

En posición de defensa se suele apreciar cómo el pelo de la columna se eriza y muestra los dientes; aunque parezca mentira, aquí el perro está dando una amable advertencia para evitar hacer uso del ataque.

REACTIVA. Suele ocurrir cuando otras señales de defensa no han sido respetadas, entonces el perro pasa directamente a la agresión como modo de escapar de la situación atacando a lo que le perturba.

Normalmente, podemos ver cómo el perro pasa a tener una conducta impulsiva mostrando los dientes y vocalizando excesivamente, la cola pasa a tener movimientos bruscos y se eriza incluyendo la columna.

Al igual que los humanos, el perro tiene su propio lenguaje corporal y nosotros hemos aprendido a entenderlo con el único fin de estrechar nuestra relación, haciendo que se sientan parte de nuestra comunidad, ofreciéndoles todo lo que necesitan a cambio de su apreciada compañía y eterno amor.

El comportamiento canino

LEILA PALLARÉS
Etóloga

SHUTTERSTOCK

El perro, sin lugar a dudas, es uno de los animales más cercanos y fieles al ser humano. Pero, en este sentido, ¿qué sabemos de nuestro compañero de vida? Los perros, durante siglos y siglos, han permanecido a nuestro lado, han observado cómo nuestras vidas han sufrido muchos cambios y, sin embargo, siempre se han adaptado y han evolucionado junto a nosotros. Es por eso que este preciado animal se ha ganado el título del mejor amigo del hombre. En esto, seguro que todos estamos totalmente de acuerdo.

No solo hemos influido en ellos, en sus características físicas, sino que les hemos ayudado a adaptarse, a convivir con otra especie y seguir ciertas rutinas. Hemos despertado su interés por nosotros y, a su manera, nos han estudiado y han llegado a una forma de comunicación eficiente con ciertos matices diferentes a la que tienen entre ellos.

Es la razón por la que este ser tan maravilloso nos intriga, hasta el punto de que hemos querido encontrar una forma de poder entenderlos, con la única finalidad de crear un vínculo inquebrantable, una gran unión.

Antes de hablar sobre el perro, es muy importante entender sus orígenes. Sus antepasados fueron una especie de lobo ya extinto; para entender mejor este hecho, era una ramificación del lobo actual que para sobrevivir empezó a establecer un contacto con el ser humano. A medida que pasaba el tiempo, los humanos se decantaron por los lobos que estaban más predispuestos a estar junto a ellos, esto fue clave para su domesticación.

Pero no solo se empezaron a notar grandes diferencias a nivel psicológico, sino que su físico también comenzó a modificarse con el paso del tiempo. Una característica que comparte una proporción bastante amplia de los perros es tener las orejas caídas. Estas suponen un claro ejemplo de domesticación, la razón por la que pasaron de estar erectas a caer fue que dejaron de estar constantemente en alerta en su hábitat natural debido a la aparición de la figura del hombre, que les brindaba un gran apoyo, les daba cobijo, protección, comida y seguridad, y estas perdieron su función principal. Aunque, a día de hoy, aún podemos observar estos rasgos físicos primitivos en algunas de las razas actuales. El husky, por ejemplo, es uno de los cánidos más independientes y una de las razas más difíciles de educar bajo los estándares humanos, pues mantiene unas características propias difíciles de modificar.

EL COMPORTAMIENTO, ¿QUÉ ENTENDEMOS SOBRE ÉL?

Iván Pávlov en su día ya indagó acerca de la conducta canina, acerca del comportamiento. Cuando hablamos sobre comportamiento nos basamos en un conjunto de respuestas originadas por la presencia o la ausencia que presenta un ser vivo en relación con su entorno o su mundo de estímulos. Básicamente, comportamiento significa modo de actuar. El comportamiento tiene una finalidad importante: hacer frente a las necesidades de la vida.

Como el resto de los seres vivos, el perro tiene un objetivo en la vida y consiste en vivir lo suficiente para pasar a la siguiente generación la mitad de los genes que posee. Sus estrategias vitales tienen variedad y son múltiples, digamos que están constantemente luchando por la supervivencia y preservación de su especie.

SHUTTERSTOCK

Aún podemos observar rasgos físicos primitivos en algunas de las razas actuales. El husky, por ejemplo, es uno de los perros más independientes y una de las razas más difíciles de educar.

LA MOTIVACIÓN, LA IMPORTANCIA EN EL PERRO

La motivación tiene una combinación de aprendizaje e instinto. El perro, desde cachorro a la etapa adulta, está capacitado por su instinto y va adquiriendo aprendizaje por las experiencias vividas.

Según la definición del etólogo Patrick Colgan 1989: «El tema de la motivación animal se ocupa de cómo y por qué los animales realizan unas actividades concretas: qué mecanismos internos generan la conducta, cómo influyen sobre estos mecanismos los estímulos procedentes del ambiente exterior y cómo beneficia la conducta en cuestión al animal».

Los estímulos desencadenan en señales que capacitan al perro a reconocer objetos, elementos vitales u otros seres vivos cuando se encuentran por primera vez. Los patrones de

Los perros poseen una gran proporción de genes que les predisponen a desarrollar características sociales: utilizar señales específicas y comprender los mensajes de los otros.

comportamiento instintivos suelen ser la respuesta a estímulos específicos como la alimentación, la reproducción, la paternalidad y la agresividad. Sin motivación no podríamos enseñarles trucos de obediencia a nuestros perros, todo tiene una finalidad, una razón, sin ello carecería de sentido aprender. Concluyendo, no hay comportamiento sin una motivación previa, todo está motivado por un sentimiento o una necesidad. Este patrón de comportamiento es una acción fijada y establecida, es innata.

ANIMALES SOCIALES

En los cánidos se puede llegar a apreciar un tipo de estrategia de caza que consta de manadas de cazadores numerosas, trabajan en equipo para la supervivencia, esto nos da una pequeña pista de que nuestros perros son animales sociales. Básicamente, dependen de un grupo para sobrevivir y sin ese grupo su seguridad es quebrantable. No nos olvidemos de que nosotros, los humanos, somos parte de su grupo. Un perro prefiere estar siempre acompañado por nosotros y por el resto de integrantes del grupo, que estar solo.

El detalle que modificó al lobo primitivo para convertirlo en perro se basa en que gran cantidad de ellos, al convivir con humanos, perdieron la necesidad de buscar recursos por sí mismos y se fueron convirtiendo en animales totalmente dependientes. Esto refuerza la teoría de que para su subsistencia deben ser animales sociales. El perro es especial por su habilidad de llegar a un compromiso y obtener lo mejor de cada situación.

Los sentimientos de miedo, agresividad, ira o lucha por la supervivencia también determinan el comportamiento de los cánidos sociales, así como la habilidad de encontrar compañeros para el emparejamiento y las relaciones con otras especies. Podemos ver una clara evidencia de que la evolución ha favorecido este rasgo en los perros, la cooperación en grupo.

NUESTROS PERROS DOMÉSTICOS SON ANIMALES SOCIALES

Los perros poseen una gran proporción de genes que les predisponen a desarrollar características sociales: utilizar señales específicas y comprender los mensajes de los otros.

En los inicios, cuando los humanos domesticaron a este lobo extinto escogieron solamente a los que mejor satisfacían sus necesidades, los que tenían mejor comunicación con nosotros y más predisposición a permanecer cerca.

Hay grandes diferencias que distinguen al lobo del perro actual, por ejemplo, los perros comparten una característica con los humanos, ellos son más vocales a la hora de comunicarse por lo tanto más ruidosos, sin embargo, el lobo suele ser más silencioso ya que rara vez utiliza el ladrido para comunicarse con su misma especie.

CARACTERÍSTICAS APRECIADAS EN LOS ANIMALES SOCIALES

Hay ciertos mecanismos que se originaron durante el proceso evolutivo en el comportamiento de los cánidos sociales, estos mecanismos ayudaron a que hubiera un equilibrio entre la coexistencia, por ejemplo:

La necesidad del comportamiento de territorialidad que evita tener que utilizar recursos como la agresividad, también, evade el sentimiento de miedo. Este comportamiento es visto en gran frecuencia por grupos sociales y tiene un efecto beneficioso en la regulación de la población entre esta especie.

Podemos apreciar por qué el perro en la evolución ha desarrollado este comportamiento, y básicamente ha sido para evitar conflictos; la timidez o temor pueden ocasionar no tener éxito en el abastecimiento de un territorio y, por lo tanto, poner en riesgo al grupo teniendo solo fuentes de recursos limitados y creando menos estabilidad.

En el cánido, la posición de sumisión o de dominancia también son clave para evitar conflictos innecesarios o controlar la densidad de población en el intergrupo, si se resolvieran todos los inconvenientes con agresión o miedo, el gasto energético que conlleva esto haría que a la hora de expulsar a un intruso estuviera indefenso.

EL COMPORTAMIENTO SEXUAL CANINO

Tanto los perros como los lobos son carnívoros y, dado que son carnívoros sociales, los miembros del grupo colaboran en la alimentación de los más jóvenes. Otro punto importante es que para el apareamiento utilizan el comportamiento del cortejo, este sigue un ritual que ha evolucionado para evocar la motivación sexual en lugar de la agresividad de la pareja.

En estos carnívoros la diferencia de tamaño entre machos y hembras es mínima. El objetivo en los carnívoros sociales es elegir un buen compañero para el apareamiento, un compañero fértil, esto aumentaría las posibilidades de supervivencia y descendencia de la especie.

SHUTTERSTOCK

Para el apareamiento hacen uso del cortejo en lugar de la agresividad de la pareja, este sigue un ritual que ha evolucionado para evocar la motivación sexual.

Pero no solamente basta con que sean fértiles, la aptitud también es importante. Si un perro tuviera la libertad para poder seleccionar a su pareja sexual, siempre se basaría en encontrar aptitudes óptimas para tener una buena descendencia equilibrada. Por lo general, los machos alfa elegirían hembras alfa, con estas características ha de demostrar comportamientos específicos para mantener su rango con el menor gasto de energía posible. Esto supone tener un buen control de los mecanismos de dominación y sumisión, características sexuales secundarias que son muy apreciadas por las hembras.

Sin embargo, los humanos hemos modificado estas características en los perros, nos basamos más en las apariencias físicas y favorecemos menos las aptitudes fisiológicas, esto llega a causar grandes problemas a nivel psicológico en nuestros perros.

EL CICLO SEXUAL DE LAS HEMBRAS

Las hembras caninas experimentan un proceso fisiológico que desata su comportamiento sexual una o dos veces al año, un ciclo sexual llamado «celo». En el celo, las hembras emiten un olor característico, gracias a las feromonas. A los machos, cuando perciben este cambio fisiológico llamado «estro», se les despierta su deseo sexual. En el estro, las hembras saludan a los machos con más excitación y, dependiendo de si es el momento oportuno, el macho despierta o no el interés por aparearse.

En el caso de que el macho tenga interés, empezará el ritual de cortejo. Podemos identificar este ritual como un juego y como un comportamiento infantil por parte de los dos. La función de este juego se basa en demostrar a la hembra la mejores aptitudes como padre para los futuros cachorros, ya que tener descendencia con buenos genes es muy importante. Hay que recordar que el comportamiento sexual en los perros es innato, pero la experiencia lo perfecciona.

SHUTTERSTOCK

Muchos perros se destetan antes de tiempo, esto provoca problemas de inseguridad, miedo y agresividad. Tienen que pasar al menos tres meses con su madre para crecer equilibrados.

Como dato interesante, las lobas solamente tienen un celo al año, sin embargo, las perras suelen tener dos por año, es poco común que solo tengan uno.

COMPORTAMIENTO MATERNAL CANINO Y SU IMPORTANCIA EN EL FUTURO

Las hembras desarrollan patrones de comportamiento específicos para atender a su descendencia; en el caso de los machos, cuando se les da la oportunidad pasan a mostrar interés y a participar en la alimentación de los cachorros en las etapas posteriores.

Después del nacimiento de los cachorros, el instinto innato de la hembra hace que actúe rápidamente para proporcionarles cuidado, calor, alimento y limpieza, por eso nada más llegar al mundo, la madre lame a su cachorro con la intención de secarlo y limpiarlo rápidamente; después, lo guía hasta sus mamas para que se alimente. También podemos apreciar cómo la hembra lame la zona genital y anal a los cachorros para estimular la micción y defecación, aquí se puede apreciar cómo la madre empieza a tener comportamientos de coprofagia ingiriendo las heces de su cachorro, esto es un acto instintivo para evitar posibles depredadores cercanos o con el fin de mantener la zona limpia.

Este comportamiento innato de las hembras lo controlan los procesos hormonales. La madre se encargará del cuidado y la enseñanza de los cachorros hasta que ellos empiecen a valerse por sí mismos y aprendan a utilizar el lenguaje canino óptimamente.

Durante todo el periodo de crecimiento, la madre tiene un papel fundamental. Se encarga de dar lecciones de lenguaje canino, cuando un cachorro gruñe o enseña los dientes es innato, pero la madre les muestra el significado de estos comportamientos. De ahí, la importancia de respetar cada fase del cachorro; si queremos que en un futuro sean perros equilibrados, tendremos que permitirles estar como mínimo los tres meses junto a su madre.

Hay muchos perros que se destetan antes de tiempo y esto provoca problemas a corto y largo plazo, como inseguridades, miedos y agresividad. Esto pasa porque no se les ha permitido aprender, respetar y adquirir aptitudes de la madre en su etapa crítica, por lo tanto, no comprenden el lenguaje canino y no saben comunicarse correctamente entre ellos.

¿QUÉ ES EL COMPORTAMIENTO INNATO?

Este es el comportamiento no adquirido mediante el aprendizaje, digamos que es con el que ya nacemos y está programado genéticamente, lo mismo ocurre con los perros.

LA PSEUDOGESTACIÓN EN HEMBRAS

Hablamos de embarazo psicológico cuando una hembra, después de haber tenido un celo de aproximadamente dos meses, desarrolla conductas maternales, como si hubieran dado a luz o estuvieran gestando, es decir, cuando su cuerpo presenta un estado hormonal preparado para una situación de embarazo sin que sea este el caso.

Esta conducta es muy común en las lobas, ya que, mientras la mitad de la manada está preparada para tener cachorros, la otra mitad está desarrollando estos cambios hormonales para que en un futuro sean capaces de ayudar al resto de las madres en la labor de amamantar, proteger, alimentar y educar a los cachorros, aunque no sean suyos.

A los humanos esta conducta en nuestros perros nos puede resultar incómoda y en muchos casos desfavorable, pero no debemos olvidar que es un signo que denota una herencia ancestral.

¿LOS MACHOS TIENEN COMPORTAMIENTO PATERNAL?

En los machos es cada vez menos frecuente ver presencia de estos comportamientos debido a la domesticación, aunque esto no quiere decir que en algunos no pueda apreciarse aún o que se haya perdido del todo. Por ejemplo, podemos ver que los machos ejercen un papel de enseñanza aplicado al lenguaje canino y que gran parte de las interacciones de perros adultos hacia sus cachorros son desde una postura paciente y didáctica.

Desde el punto de vista evolutivo, que el rol de padre en los perros se esté perdiendo por completo es un gran error. Nos da a entender que se ha visto afectado por la influencia de otros comportamientos como la poca sensibilidad social o la falta de habilidad para percibir las señales de otros. Y nos hace pensar que, por lo tanto, probablemente hayamos estado criando animales inferiores durante estos últimos periodos.

EL COMPORTAMIENTO NEONATAL EN EL PERRO. ¿QUÉ ES?

Es el comportamiento de los recién nacidos, alimentarse lactando o buscar el calor de la madre y su cuidado. Digamos que desde el momento que el cachorro llega al mundo está programado para hacer frente a estas necesidades, que ya sabe cómo amasar con sus patas delanteras para, acto seguido, utilizar el reflejo de succión y, finalmente, lactar, así como sabe buscar el calor maternal.

El periodo neonatal es uno de los más importantes para un perro. Pese a que no pueden ver o escuchar claramente y solo perciben ruido de fondo, están registrando impresiones todo el tiempo y recibiendo información constantemente. Esto repercutirá posteriormente a lo que le resulte natural o innatural.

Los primeros contactos de los cachorros con los humanos serán suficientes para establecer la impronta con estos.

¿QUÉ ES LA IMPRONTA EN EL PERRO?

La impronta es toda la influencia del entorno que rodea al cachorro inmediatamente después de su nacimiento y con posterioridad. Los cánidos reciben la impronta de los estímulos del medio que estarán presentes durante su vida y les ayudará a juzgar ciertas situaciones y tomar decisiones en un futuro para que se desenvuelvan con soltura.

En el caso de que un cachorro no pase por la impronta con la exposición con los humanos antes de las siete semanas, supondrá que no los llegará a considerar como compañeros de manada. Sin el contacto corporal de un humano es fácil que se puedan llegar a sentir en un futuro temerosos o distantes en presencia de nosotros.

COMPORTAMIENTO INFANTIL EN PERROS

Después de la fase del destete, gran parte de los cachorros jóvenes muestran estos aspectos infantiles, estas formas de conductas han sido utilizadas durante el periodo de lactancia y en la camada, pero luego, una vez que ha pasado esta etapa, han sido aplicadas a su nuevo lenguaje comunicativo entre otros perros o redirigido hacia humanos.

Por ejemplo, lamer y tocar los labios, este acto anteriormente ha sido utilizado para estimular la regurgitación de la madre y así poder alimentar al cachorro con comida pasada por enzimas que favorecen su digestión, ahora esta conducta ha sido modificada para dar señales de calma a un humano u otro perro, con esta conducta se comunican para pedir espacio, son comportamientos de apaciguamiento en adultos.

EL COMPORTAMIENTO JUVENIL Y EL JUEGO EN PERROS

El comportamiento juvenil es aquel que muestran los perros jóvenes, se trata de formas que desarrollan ciertas funciones en el futuro perro adulto. Por lo general se adaptan específicamente a las necesidades del animal joven, algunos de estos comportamientos habituales son la solicitud de comida y del juego. El comportamiento juvenil es el resultado de la predisposición genética y del aprendizaje del cachorro.

Un aspecto fundamental en este comportamiento es el juego, que a veces se prolonga en perros adultos y proporciona al individuo una escapatoria de la monotonía, también les sirve

SHUTTERSTOCK

El juego tienen un papel fundamental en los cachorros, les ayuda a adquirir habilidades sociales óptimas, conocerse y controlar los límites de su entorno. Es un entrenamiento sin riesgos para convertirse en un futuro ser resolutivo.

para intentar nuevas estrategias que sería arriesgado poner en práctica en situaciones reales, esto es una buena fuente de evasión para un perro adulto, ya que le permite tener comportamientos infantiles por un periodo de tiempo corto.

En los cachorros tiene otro papel fundamental, como aprender a experimentar y tener un equilibrio y control sobre las siguientes conductas alternas: miedo, sumisión, dominación y agresión. Todo esto se hace desde una perspectiva poco seria y que no pone en riesgo a ningún integrante del juego, los cachorros experimentarían consecuencias que serían catastróficas si fueran situaciones reales. Digamos que el juego les ayuda a adquirir habilidades sociales óptimas, conocerse y controlar el entorno y sus límites para en un futuro ser resolutivo.

LOS PERROS, ANIMALES CARNÍVOROS Y DEPREDADORES

Todos los aspectos físicos de los perros dan grandes pistas acerca de sus preferencias alimentarias. Su cuerpo está diseñado para ser veloz y ágil, esto favorece a la hora de cazar, tienen unas extremidades bien desarrolladas, cuellos fuertes y garras bien desarrolladas, carecen de clavícula y sus sentidos están despiertos, especialmente el olfato. Si nos fijamos en su mandíbula y dientes, podemos observar que están diseñados para desgarrar y ablandar la carne y los huesos de sus presas en el caso de que fuese necesario. Todos los perros tienen en su ADN información valiosa para hacer uso de sus dotes de cazadores.

LOS PERROS SON ANIMALES CON HÁBITOS CREPUSCULARES

Si nos fijamos en los primeros meses de vida que pasa el cachorro con el humano podemos apreciar que su momento de mayor actividad siempre es durante la noche y el amanecer. Con el paso del tiempo, el perro empezó a adaptarse a nosotros y adquirió nuestras rutinas, lo que también incluye las rutinas de descanso.

Un animal crepuscular es quien tiene mayor actividad durante la noche, todo esto forma parte de la evolución del lobo primitivo. La mayoría de las posibles presas del lobo salen durante la noche, ya que hay menor riesgo de ser cazados por otros animales, pero el lobo, muy astuto, se dio cuenta y empezó a cazar de noche, sorprendiendo así a sus presas, quienes para nada se esperaban que un animal tan amenazante estuviese al acecho.

La visión de los perros es un poco distinta a la de los humanos, pero es mucho más funcional y desarrollada para desenvolverse en la oscuridad. Digamos que el cánido solo distingue entre tonos azulados y amarillentos, esto se debe a que en su evolución han ganado más bastones que conos a diferencia de los humanos, a quienes nos ha ocurrido lo contrario.

Los bastones son neuronas de la retina responsables de la visión en condiciones donde la iluminación es escasa, como la noche, también la presencia de estos bastones les ayuda a captar el movimiento y calcular distancias más rápida y eficientemente que nosotros los humanos, todo esto es imprescindible para estos animales depredadores.

Como podemos apreciar, el perro ha ido evolucionando lentamente por la presencia del ser humano y su intervención, pero hay una cosa muy importante que no podemos obviar y son sus orígenes, parte de su código de ADN nos muestra las necesidades instintivas de estos mamíferos domésticos y nos hace entender un poco acerca de ellos y el camino misterioso que han ido recorriendo siglo tras siglo.

¿Qué come un perro?

CENTRO CANINO LAS ALMENAS
(https://almenas.es/)

ISTOCK

Piensos especiales, piensos ricos en proteínas o sin cereales, comida natural, dieta BARF, comida casera para perros… Con tantas opciones disponibles para alimentar a tu perro es normal que surjan dudas a la hora de elegir qué comida es la más adecuada.

¿CÓMO DEBE SER LA ALIMENTACIÓN DE UN PERRO?

Ya sabemos que los perros por naturaleza son carnívoros, al igual que los lobos. Sin embargo, debido a su domesticación y convivencia en nuestros hogares, han variado su alimentación. Ya no necesitan salir a cazar y se han acostumbrado también a más tipos de comida con tendencia hacia una alimentación más omnívora.

No obstante, aunque los perros ya no son carnívoros exclusivamente, sí que requieren proteína animal en la base de su alimentación y debes procurar que reciba la cantidad adecuada. Además de la carne, los perros pueden consumir otras proteínas de origen animal, como es el caso del pescado o el huevo.

En la dieta de tu perro también debes incluir un aporte adecuado de grasa y, en menor cuantía, también necesita hidratos de carbono y fibra, que puedes conseguir a través de alimentos vegetales.

Es importante que los perros tengan una dieta equilibrada con los nutrientes esenciales en la cantidad y calidad necesaria para su perfecto desarrollo y estado de salud.

No olvides facilitar agua a tu perro para lograr una correcta hidratación y evitar problemas de estreñimiento.

Para facilitar la digestión de los perros, lo más recomendable es que no darles toda la comida en una sola toma diaria. Es más adecuado que vayas dosificando su alimentación diaria en varias tomas para que no se hinche de golpe. Procura seguir una rutina en cuanto a los horarios y el lugar en el que come o, si no, se mostrará con cierto nerviosismo porque no sabe cuándo le toca comer.

¿CUÁNTA CANTIDAD DE ALIMENTO NECESITA UN PERRO?

Calcular la cantidad exacta de alimento y calorías que necesita un perro es algo complicado, ya que depende de varios factores:

1. Edad del perro

Dependiendo de si es cachorro, adulto o sénior, tu perro necesitará diferentes cantidades de alimento y de nutrientes. Así, el perro adulto, que realiza más actividad física que el cachorro o el sénior, necesita más proteínas.

Cuando el perro es un cachorro de menos de cuatro meses puede necesitar cuatro tomas de comida al día. Puesto que su estómago aún es muy pequeño, se sacian con poco alimento y a la vez hacen una digestión rápida, de ahí que tengan que comer poca cantidad varias veces al día. A partir de los ocho meses de edad, pueden ser necesarias tres tomas. En la edad adulta, basta con dos tomas de comida al día, y ya en edad más avanzada, con una a dos comidas al día es suficiente.

2. Tamaño y raza del perro

Como es obvio, los perros de raza grande tienen mayor gasto energético que los de raza mini o toy, y es por eso que necesitan ingerir diferentes cantidades de alimento.

Pero también es necesario que el tamaño de la ración se adapte al tamaño del perro. Así, en el Centro Canino Las Almenas, dedicado a la cría de perros mini y *toy*, sabemos lo esencial que es dar con un pienso cuyas croquetas o bolas

SHUTTERSTOCK

Los perros que se ejercitan con más intensidad necesitan un aporte calórico mayor.

tengan el tamaño adecuado para que les quepa en sus bocas pequeñas y las puedan masticar bien. Ten en cuenta que, si son demasiado grandes, podrían provocarles atragantamientos. Afortunadamente, hoy en día podemos encontrar piensos de muy buena calidad para perros de razas mini o *toy* que nos evitan estos posibles problemas.

3. Actividad física que realiza el perro

Otra cuestión que condiciona la cantidad de alimento que precisa tu perro es la actividad física que realiza. En el caso de los perros que son tranquilos y apenas pasean o juegan durante el día, no hay que darles demasiado alimento porque no van a lograr quemar muchas calorías, por lo que podrían engordar e incluso llegar a la obesidad. En cambio, los perros que se ejercitan con más intensidad van a necesitar un aporte calórico mayor.

SHUTTERSTOCK

En el caso de los perros que son tranquilos y que apenas pasean o juegan durante el día, no hay que darles demasiado alimento porque no quemarán muchas calorías y podrían engordar en exceso.

4. Patologías que tenga el perro

Celiaquía, obesidad, problemas digestivos o renales, diabetes, patologías en la piel o pelaje… si tu perro tiene algún problema de salud va a necesitar una alimentación adaptada a sus necesidades especiales. En el mercado puedes encontrar piensos que se ajusten a los diferentes requerimientos y patologías.

TIPOS DE ALIMENTACIÓN Y PIENSOS PARA PERROS

Ahora sí, vamos a ver cuáles son las diferentes opciones que tienes a tu alcance para alimentar a tu perro:

1. Pienso para perros

Es la alimentación más común que damos a nuestros perros. Hay que tener en cuenta que no todos los piensos tienen la misma composición ni la misma calidad ni el mismo precio.

Es muy importante que te fijes en la etiqueta del producto y compruebes que el porcentaje de proteína animal sea alto y que el de ingredientes de origen vegetal que contiene sea reducido. Cuantas más proteínas, mejor.

Pero, además del porcentaje de proteínas, hay que tener en cuenta el valor biológico de dicha proteína para que sea bien asimilada por el organismo de tu perro. Así, por ejemplo, si la proteína del pienso proviene de patas o picos de animales estamos hablando de una proteína de menor valor biológico que si proviene de otras partes, como los muslos o la pechuga.

Es cierto que en el supermercado vas a encontrar piensos muy económicos, pero si quieres asegurarte de que el que le das a tu perro es de buena calidad, conviene que recurras a tiendas especializadas en animales. Si escoges un pienso de buena calidad estarás dando a tu perro o cachorro un alimento muy completo que le aportará una cantidad adecuada de proteínas, además de cereales, algunas verduras y vitaminas y minerales.

Además de tener en cuenta las proteínas y su valor biológico, también debes valorar los tipos según su procesado y humedad que contengan.

SHUTTERSTOCK

Si escoges un pienso de buena calidad, le aportará una cantidad adecuada de proteínas, además de cereales, algunas verduras, vitaminas y minerales.

- Alimentos secos:

Son los piensos más demandados en el mercado, aunque no por ello sean los más adecuados. Se trata de bolitas o croquetas secas que se cocinan a muy alta temperatura, por lo que apenas contienen un 10 % de humedad. Su principal ventaja es que obligan a la masticación y, con ello, se produce una limpieza de dientes. Además, al ser más lenta la ingesta, ayuda a controlar la cantidad de alimento y produce bastante saciedad.

En cambio, el mayor problema reside en que durante el proceso de cocinado a temperaturas muy altas se pierde gran cantidad de nutrientes, por lo que requieren que se complete con aporte de vitaminas y minerales para que sea una opción más completa y saludable.

- Alimentos semihúmedos:

Procesados a menor temperatura que los secos. Tienen una textura más blanda que los piensos tradicionales, por eso, gustan mucho a los perros y consiguen una mejor aceptación. Además, al tener más proporción de agua, aportan más hidratación.

- Alimentos húmedos:

Podemos considerar como alimentos húmedos las latas, tarrinas y sobres de comida que se conservan con un alto grado de humedad. Algunos de estos productos tienen la ventaja de poderse incluso cocinar en el propio envase esterilizado, lo cual confiere mayor seguridad e higiene sanitaria. Estos alimentos húmedos suelen ser más ricos en proteínas y con menos carbohidratos, por lo que son más apetecibles y sabrosos para tu perro.

2. Piensos especiales

Los piensos, además de adaptarse a las edades del perro, también se adaptan a determinadas necesidades especiales. De este modo, podemos encontrar distintos piensos, como es el caso del pienso sin cereales o grain free que, en vez de incluir cereales, lleva otras fuentes de hidratos de carbono más digeribles, como

SHUTTERSTOCK

A la izquierda, ejemplo de BARF, *bone and raw food*, es decir, «huesos y comida cruda». A la derecha, ejemplo de comida seca.

SHUTTERSTOCK

Aunque los perros ya no son carnívoros exclusivos, sí que requieren proteína animal en la base de su alimentación y hay que procurar que reciban la cantidad adecuada.

las patatas, legumbres, boniato u otras féculas. Otro ejemplo de pienso especial es el hipoalergénico, idóneo para perros con alergias alimentarias. En estos piensos encontrarás una única fuente de proteína: pavo, pollo, cordero, merluza, sardina…

3. Dieta BARF

La dieta BARF es otro tipo de alimentación basada en productos que no han sido sometidos a tratamientos térmicos. BARF responde a las siglas de bone and raw food, es decir, «huesos y comida cruda» y, precisamente, este es el objetivo de esta dieta que persigue una alimentación más natural, como la que se daba antaño a los perros.

No obstante, es necesario tener en cuenta que la alimentación con carne cruda conlleva riesgos nutricionales y sanitarios. Por un lado, el consumo de huesos puede provocar la rotura de un diente, estreñimiento o incluso una perforación intestinal o estomacal. Pero, además, la ingesta de carne sin cocinar también expone al perro, y al resto de la familia, al riesgo de ingerir patógenos como la salmonela o toxoplasma, entre otros. Estos microorganismos normalmente se eliminan al congelar o cocinar la carne antes de consumirla.

4. Comida casera

Para muchas personas, la comida casera es la mejor opción de alimentación canina exenta de conservantes, colorantes o saborizantes. Pero la comida casera para perros también tiene sus inconvenientes, ya que si se cocina a temperaturas muy altas es posible que se pierdan en la cocción muchos de sus nutrientes.

Además, requiere que la persona tenga conocimientos de nutrición para conseguir que el perro reciba una alimentación correcta y completa. Ten en cuenta que su alimentación y necesidades nutricionales son diferentes a las que nosotros tenemos, por eso no debe ser igual que nuestra dieta.

También hay que considerar el tiempo y el espacio que son necesarios para poder cocinar y conservar por separado en el congelador la comida del perro. Esto no siempre es fácil de conseguir.

Estas son las opciones y dietas alternativas para alimentar a tu perro. Es importante que valores los pros y contras de cada una y elijas la mejor opción para ti y para tu perro. En esa decisión no te dejes llevar por las modas o tendencias, porque lo importante es que des a tu perro una dieta equilibrada con los nutrientes esenciales en la cantidad y calidad que necesita.

Las dolencias más comunes

ALFONSO M. CORRAL
Veterinario y bioquímico

SHUTTERSTOCK

Parece evidente que la vida de nuestros perros es mucho más cómoda y sencilla que la de los lobos. Sin embargo, la domesticación les ha acarreado una serie de desventajas que se manifiestan en forma de enfermedades. Cuando la selección natural es reemplazada por las prioridades, gustos y caprichos de quien cría los perros, aparecen una serie de cambios genéticos capaces de obligarnos a acudir al veterinario con nuestras mascotas.

La domesticación del perro ha pasado por etapas en las que el hombre, recurriendo a la endogamia, ha reducido el número de lobos y perros de los que descienden los más de quinientos millones de perros que se calcula que existen en el mundo. Junto a los genes que regulan rasgos que los criadores juzgaron en su momento como positivos, había otros genes que favorecen la aparición de alguna de las dolencias más frecuentes que sufren. Así, al elegir para la cría a los perros con menos agresividad o con el tamaño y color que más nos gustaba, sin saberlo, también seleccionamos a aquellos más susceptibles a enfermedades respiratorias, obesidad o displasia de cadera. De hecho, hay estudios que muestran que las razas más populares no tienen por qué ser las más dóciles. Eso sí, suelen ser las que más enfermedades hereditarias padecen.

Al proceso de generar una gran población a partir de un número pequeño de progenitores se le denomina en biología cuello de botella y puede favorecer la existencia de variantes genéticas perjudiciales para el desarrollo y la salud. Uno de los cuellos de botella mejor estudiados es el que se produjo hace unos doscientos años, cuando se aumentó enormemente la selección de los perros que acabaron dando lugar a todas las razas que hay en la actualidad. Eso sí, esto no se produjo en aquellos perros de África o Asia que no son de ninguna raza concreta y que proceden de las primeras poblaciones de perros domesticadas por el hombre. Los estudios genéticos muestran que la endogamia es mucho mayor tanto en los perros de razas puras, como en los que llamamos mestizos que, aunque no sean de una raza concreta, sí que provienen de la mezcla de las razas que se empezaron a crear a partir de la Revolución Industrial.

El caso más conocido de los problemas que causan la endogamia y los gustos de criadores y dueños es el de las razas

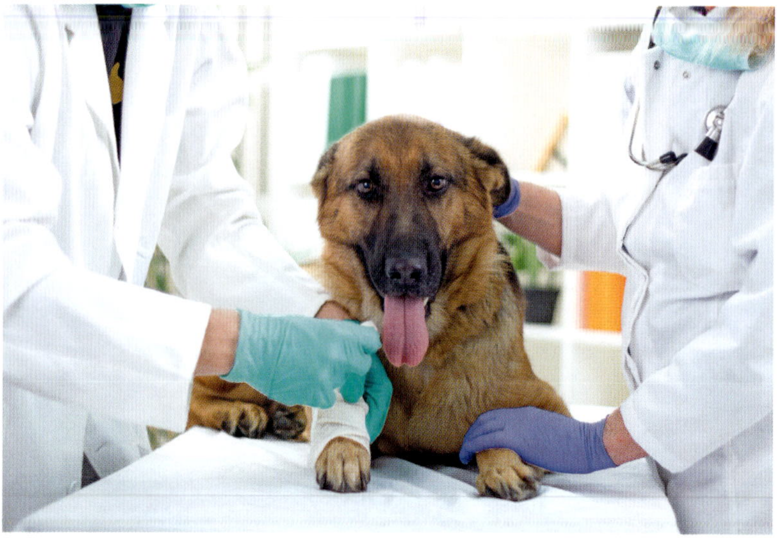

SHUTTERSTOCK

Al elegir para la cría a los perros con menos agresividad o por el tamaño y color, también seleccionamos a los más susceptibles a enfermedades respiratorias, obesidad o displasia de cadera.

SHUTTERSTOCK

La domesticación ha acarreado a los perros una serie de desventajas que se manifiestan en forma de enfermedades.

de perros de cara plana (braquicéfalas). Comparados con los lobos, estos perros no tienen hocico, cosa que les acaba provocando graves problemas respiratorios, en los oídos, así como afecciones oculares. No solo eso, la tremenda cantidad de pliegues de su piel facilita la dermatitis y favorece las infecciones tanto de hongos como de bacterias. Para que seamos conscientes de la severidad de estos defectos sobre su salud, baste notar que viven entre cuatro y cinco años menos que otras razas de perros. Por eso, a nivel europeo, los veterinarios ya empiezan a recomendar que no se críen ni se compren este tipo de perros. Es más, en Noruega y los Países Bajos han ido un poco más allá y, para evitar los padecimientos que les esperan a todos ellos, ponen ya muchas trabas a la cría de razas como el bulldog inglés.

Sin llegar al caso extremo de los bulldogs, en razas de perros grandes como los pastores alemanes o los mastines es muy frecuente que a partir de los cinco o seis meses el crecimiento de los huesos no se sincronice bien con el fortalecimiento de los músculos. Generalmente, esto acaba desajustando la

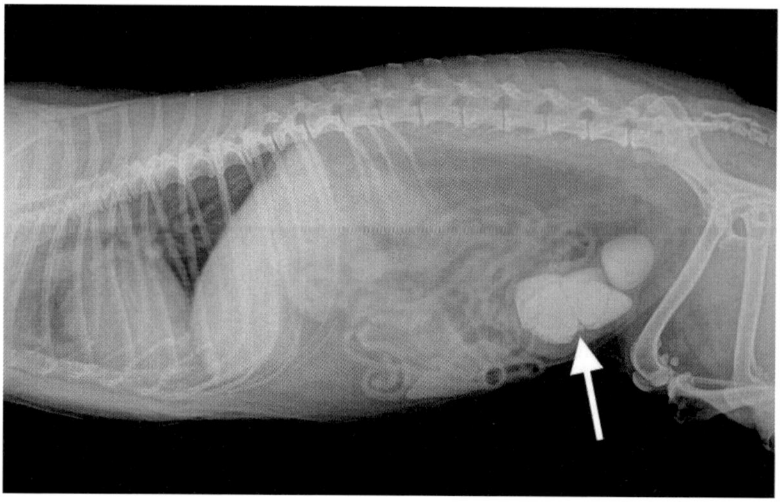

TKM ARCHIVE

Radiografía donde se aprecia un perro con cálculos.

articulación entre el fémur y la cadera, que se desgasta excesivamente y que, con el tiempo, acaba causándoles dolores e incluso cojera. Esta dolencia tan típica es conocida como displasia de cadera y es, en gran modo, hereditaria. Curiosamente, algo muy parecido pasa con la displasia de codo: sea cual sea la raza, la probabilidad de que un perro la padezca aumenta según disminuye la variabilidad genética de su raza.

En el caso de los lobos, es casi imposible encontrar estos problemas ya que la selección natural ha penalizado la reproducción de cualquier predador que no sea capaz de correr en condiciones óptimas. Obviamente, los humanos solemos tratar bien a nuestras mascotas y aunque cojeen seguirán teniendo cachorros, quienes también sufrirán estos problemas en sus articulaciones. No por eso solemos dejar de cuidarles.

Es precisamente en la alimentación donde se encuentra uno de los cambios más curiosos que la domesticación ha causado sobre los lobos que hemos convertido en mascotas. Mientras el lobo es un animal netamente carnívoro, los perros tienen una serie de genes que les permiten digerir hidratos de carbono como el almidón. El almidón se encuentra en alimentos que comemos a diario, pero que a un lobo le causarían problemas intestinales:

trigo, arroz, patatas... A los perros sí que se los podemos dar y eso nos permite reducir su consumo de carne, que es más cara y difícil de conseguir. No vamos a negar que preferimos comernos nosotros el filete y dejarles a ellos los mendrugos.

Pero los cambios en la dieta de los perros suelen venir también acompañados de cambios en su estilo de vida. Al igual que nosotros, nuestras mascotas se han hecho más sedentarias y con mucha frecuencia encontramos en las clínicas veterinarias perros obesos que desarrollan, al igual que sus dueños, las típicas enfermedades favorecidas por la acumulación excesiva de grasa. Ningún zoólogo es capaz de imaginar a un lobo de la zamorana sierra de la Culebra con diabetes, hígado graso o las arterias llenas de colesterol. Eso sí, cualquier veterinario te puede decir la cantidad de dueños a los que tiene midiendo los gramos de comida que le da a su perro cada día. La obesidad es un problema al que casi todos los dueños se tienen que enfrentar en algún momento.

Alrededor de la alimentación de los perros encontramos uno de los estudios científicos que mejor reflejan cómo, seleccionando una característica positiva, favorecemos unas variantes genéticas perjudiciales que ni siquiera sabíamos que existían.

Los perros de raza labrador son de los más fáciles de entrenar, por eso se utilizan tanto para guiar a personas invidentes o en labores de rescate. Siempre se les ha considerado muy inteligentes y han sido un sujeto de estudio bastante lógico para buscar genes que regulan características favorables en nuestras mascotas. De forma sorprendente, los estudios genéticos no han encontrado genes relacionados con la inteligencia o el aprendizaje. En esta raza, lo que se han secuenciado son algunas variantes de genes que hacen que estos perros no se sacien fácilmente. Dicho de otro modo, por mucho que coman siempre van a tener un poco más de hambre. Pero ¿cómo, seleccionando animales dóciles y con gran capacidad de aprendizaje, acabamos teniendo individuos que siempre quieren comer más? Al entrenar a los perros con recompensas en forma de comida, ahora nos parece evidente que lo que se estaba haciendo era seleccionar a los perros más dispuestos a seguir entrenando y obedeciendo. Aquellos a los que les gustaba comer más, iban a pasar más tiempo haciendo exactamente lo que quería su entrenador. ¡Y con más ganas!

Ni que decir tiene que en su capacidad de aprender estaba escondido su gran apetito y, por tanto, el alto riesgo de engordar que tienen los labradores. De ahí que los veterinarios recomienden a los dueños que sean muy cuidadosos con su alimentación. Sobre todo si no quieren que sus perros acaben teniendo problemas de diabetes, padeciendo enfermedades cardiovasculares e incluso sufriendo cáncer de hígado o de mama.

Otro tipo de tumores malignos como los linfomas o los mastocitomas son mucho más frecuentes en las razas de perros que tienen un mayor grado de endogamia. Los motivos de la alta frecuencia de estos tumores son todavía desconocidos, aunque los genetistas tienen claro que mezclar razas puras con individuos mestizos llega a aumentar en algo más de un año la esperanza de vida de los cachorros. Es lo que veterinarios y ganaderos llaman vigor híbrido: aumentar la fortaleza de la descendencia corrigiendo la endogamia de una raza. Actualmente, ya sabemos que la mayor endogamia lleva a que las variantes perjudiciales de los genes se puedan dar tanto en el gen proveniente del padre como en el de la madre. Y cuando las dos copias de los genes funcionan mal, las probabilidades de

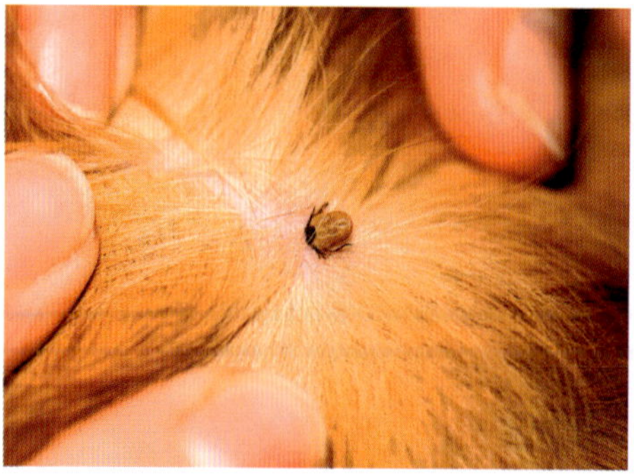

SHUTTERSTOCK

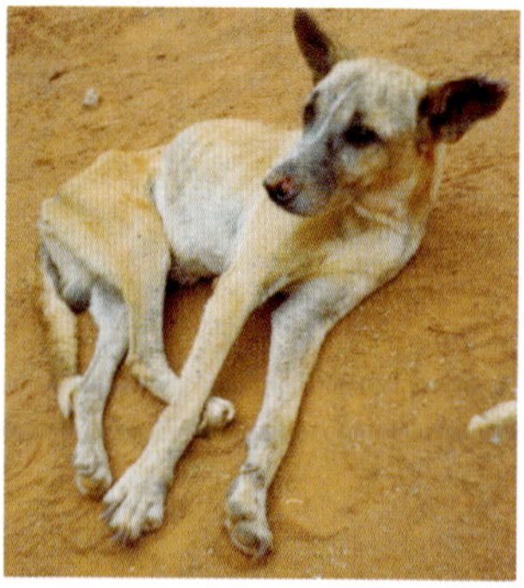

ASC

A la izquierda, una garrapata mordiendo a un perro;
a la derecha, perro con signos típicos de leishmaniosis.

que aparezca la enfermedad genética son muy elevadas. Ahí está el motivo de que muchas de las dolencias más comunes en los perros no aparezcan en los lobos.

Una de las enfermedades hereditarias más comunes puede que sea la formación de piedras (cálculos) en el aparato urinario. Aunque afecta a multitud de razas, es especialmente frecuente en los dálmatas. Los perros de esta raza tienen un defecto genético que les impide eliminar el ácido úrico en su hígado y, como a los pacientes con gota, se les va acumulando en la sangre y en la orina. Lamentablemente, el ácido úrico no es muy soluble y acaba precipitando en forma de cálculos a lo largo del aparato urinario. Los problemas que pueden causar estas piedrecitas en el tracto urinario van desde una simple irritación hasta el bloqueo total de la circulación de la orina, lo que causaría la muerte del animal. Por ello, con esta y con las otras razas con tendencia a la formación de cálculos hay que ser más cuidadosos de lo habitual. Necesitan una dieta especial que genere poco ácido úrico y tener agua siempre disponible. No solo eso, es más que recomendable que el veterinario controle cada 6 meses el funcionamiento del aparato urinario.

Pero los problemas de salud hereditarios de los dálmatas no acaban ahí. Tanto ellos como los san bernardo o los cocker tienen muchas posibilidades de quedarse sordos. No está todavía claro el motivo, pero la degeneración nerviosa que causa la sordera es más frecuente en perros de coloración blanca. Para que nos hagamos una idea, casi el 30% de los dálmatas la sufren, aunque muchas veces solo se ve afectado uno de los dos oídos. Por ello, a los dueños de este tipo de razas se les recomienda que a partir de las dos semanas de vida, cuando los cachorros empiezan a oír, observen con atención cómo responden a los sonidos que no causan vibraciones fuertes. Obviamente, aquello que genere el sonido no puede estar en el campo visual de nuestra mascota.

Si has llegado hasta el final de este texto y tienes la sensación de que la domesticación del perro ha supuesto un perjuicio en su salud, desengáñate. En el mundo apenas quedan unos doscientos mil lobos salvajes y, en libertad, no suelen vivir más que seis u ocho años. Independientemente de la cantidad infinitamente mayor de perros frente a lobos, su calidad de vida es generalmente mucho mayor. A pesar de que conviven con una especie algo caprichosa respecto a lo que espera de ellos, a cambio, los humanos les suelen dar alimento, cobijo y cariño. Además, con cierta frecuencia los llevan cuando lo necesitan ante la presencia de unos profesionales especializados en su salud: los veterinarios. Creo que los más de quinientos millones de perros que hay en el mundo estarían de acuerdo en que la domesticación ha sido una buena estrategia evolutiva.

¿Se puede hablar de perros autistas?

ARANCHA SEGURA
Periodista

SHUTTERSTOCK

Si alguien preguntara por un animal doméstico que pudiera servir de ejemplo de relación social, sin duda alguna, la mayoría de las respuestas señalarían al perro. Los perros son los animales sociales por excelencia. No solo por la forma en la que establecen su relación con otros perros, sino, además, y esta es una característica peculiar de ellos, por la forma en la que se relacionan con otras especies, además de la humana. Por eso mismo, puede parecer extraño que se pueda llegar a hablar de perros autistas o, por decirlo de una forma más exacta, perros que padecen alguno de los trastornos del espectro autista (TEA).

Con el término genérico del autismo hasta hace unos pocos años se hacía referencia a diferentes problemas en el desarrollo neuronal que afectan al funcionamiento cerebral, originando problemas en la comunicación y la interacción social de las personas que los padecen, así como también dificultades de aprendizaje y conducta. El término autismo fue utilizado por primera vez en 1943 por el psiquiatra austriaco Leo Kanner en eñ artículo *Trastornos autistas del contacto afectivo* donde presentaba más de una decena de casos de niños menores de 11 años que prácticamente no interactuaban con otros niños o con adultos y que, además, solían mostrar un grado notable de obsesividad y/o de repeticiones reiteradas de gestos, palabras o acciones. Concluía Kanner asumiendo la existencia de niños

La observación de comportamientos repetitivos en los bull terrier llevó al descubrimiento de que algunos perros pueden ser considerados como autistas.

y niñas con una «incapacidad innata para formar el contacto afectivo normal con las personas, al igual que otros nacen con deficiencias intelectuales o físicas innatas».

Durante el último medio siglo, el autismo ha pasado de ser considerado como un trastorno exclusivamente infantil hasta tomar conciencia de que acompaña a la persona que lo padece durante toda su vida condicionando sus necesidades de forma diferente en cada una de las diferentes etapas del desarrollo y crecimiento. Aún están por determinar las causas que puedan explicar la aparición de cualquiera de los trastornos del espectro autista (TEA) aunque, hasta el momento, se sabe que es uno de los problemas neurológicos con mayor implicación genética en su origen, si bien está la creencia documentada de que existen también factores ambientales y estructurales que pueden afectar de forma notoria a las personas con autismo.

UNA PATOLOGÍA CON GRANDES SOMBRAS

Una de las mayores dificultades que encuentra la medicina en relación con los TEA es su diagnosis debido a que suele manifestarse mediante un sinfín de peculiaridades que hace, prácticamente, que cada caso pueda considerarse único. Es por esto que los manuales de referencia internacional utilizados para definir los criterios de diagnóstico (el *Manual de Clasificación Internacional de Enfermedades*, CIE-11, y el *Manual Diagnóstico y Estadístico de los Trastornos Mentales*, DSM-5) muestran un amplio abanico de diferentes patrones de conducta entre los afectados. Entre estos patrones sintomáticos cabe destacar los movimientos repetitivos, híper o hiporreactividad sensorial, la realización casi obsesiva de rituales de comportamiento y, por supuesto, las continuas deficiencias en la comunicación, verbal y no verbal, y también en las interacciones sociales.

Durante los últimos años, multitud de personajes con autismo han empezado a aparecer, y protagonizar, algunas películas y series de televisión (*The Big Bang Theory*, *Atípico*, *The Good Doctor*…), pero por mucho que la ficción televisiva trate de visibilizar el TEA, lo cierto es que es una patología sobre la que aún se ciernen grandes sombras. Por el momento, las únicas vías existentes para el diagnóstico del TEA pasan por la observación del paciente analizando áreas de comportamiento en busca de patrones reconocibles: déficit de sociabilidad, dificultades en la comunicación, movimientos repetitivos o estereotipias o comportamientos obsesivos con respecto a objetos o temáticas, generalmente poco usuales. Por el momento, no existe una prueba analítica que permita un diagnóstico claro y rápido. Antes de llegar a ello, es preciso percibir problemas en varias de las áreas mencionadas.

El descubrimiento en algunas especies animales de comportamientos o patrones de conducta semejantes a los del TEA podría servir como ayuda para encontrar un método diagnóstico más objetivo que la observación de los pacientes como pudieran ser, por ejemplo, la búsqueda de biomarcadores genéticos o químicos. Los seres humanos tenemos complejos comportamientos sociales, una característica que también se da en otras muchas especies. Los animales que conviven en grupo compiten, se instruyen y protegen unos a otros en una colaboración generalmente indispensable para la supervivencia del grupo. Ya en 1966, el *Journal of the American Veterinary Medical Association* publicaba un artículo de M. W. Wolf bajo el título *Un síndrome en el perro que se asemeja al autismo infantil humano*, en el que se apuntaba la posibilidad de la existencia de una patología canina comparable con el autismo en los humanos.

PIXABAY

Las estereotipias son comportamientos repetitivos y compulsivos que se dan generalmente en perros con problemas.

MOON, EL BULL TERRIER QUE SE PERSEGUÍA LA COLA

Poco después, Nicholas Dodman, fundador en 1986 de Animal Behavior Clinic (Clínica de Comportamiento Animal) en la Universidad de Tufts (Massachusetts), uno de los primeros centros de este tipo en todo el mundo, se encontró con el caso de Moon, un bull terrier que se perseguía la cola de forma casi permanente. Sabiendo que ese problema aparecía con relativa frecuencia en otros perros de la misma raza, Dodman empezó a pensar que tal vez podría estar ante un problema de origen genético.

Sus observaciones determinaron que algunos de los perros estudiados con un problema similar (perseguir obsesivamente su cola) también mostraban un comportamiento agresivo-explosivo, esto es, ataques directos e imprevistos sin que fueran precedidos de otras señales previas como gruñidos o la exhibición de los dientes. Por otra parte, algunos otros perros objeto del estudio parecían, en ocasiones, entrar en «trance», quedándose momentáneamente estáticos mirando fijamente un punto en la pared o en el espacio alejado como si, de pronto, se hubieran quedado congelados.

SIN DIAGNÓSTICO OBJETIVO DEL TEA

Con una muestra de más de trescientos bull terrier se pudo comprobar que el comportamiento de perseguirse obsesivamente su cola era algo más que frecuente, llegando a afectar a más del 80 % de los individuos de muchas camadas de bull terrier. Dodman descubrió también que el problema era más

PIXABAY

Los perros pueden ser firmes candidatos a convertirse en modelo de investigación para el autismo.

frecuente en los machos y se acompañaba generalmente tanto por ese comportamiento agresivo-explosivo mencionado como por los periodos de trance. Profundizando en los casos descubiertos, el equipo del doctor Dodman pudo saber que prácticamente la totalidad de los perros afectados eran considerados como asociales por sus propios dueños, al tiempo que también solían manifestar una profunda fijación con determinados objetos como cuerdas o palos, padecer problemas cutáneos o sufrir trastornos gastrointestinales.

Si bien es cierto que no todos los perros que se perseguían la cola mostraban la totalidad de las restantes afecciones, se hizo notorio que al considerar los problemas agrupados podían establecerse ciertos paralelismos con las manifestaciones del autismo en los humanos, en los que no todos los afectados presentan la misma sintomatología. Pensaron entonces que podrían estar ante la primera evidencia de que este trastorno, el TEA, podía darse también en otras especies.

PIXABAY

Un perro con TEA tiende a rehuir la compañía de otros perros.

Sin embargo, el hecho de que el problema se asemejase al autismo no significa necesariamente que se pudiera afirmar tajantemente que se tratara también de autismo. Dodman y su equipo decidieron entonces buscar algunos biomarcadores en la sangre de los perros afectados y pudieron comprobar que los niveles de neurotensina y de corticotropina aparecían sustancialmente elevados en comparación con las tasas de dichos elementos en perros que no se perseguían la cola. Paralelamente, se analizó la sangre de un grupo de niños de entre cuatro y diez años, todos ellos diagnosticados previamente de algún tipo de TEA. Los resultados del estudio *Elevated serum neurotensin and CRH levels in children with autistic spectrum disorders and tail-chasing Bull Terriers with a phenotype similar to autism*, de I. Tsilioni, publicado en 2014, mostraban que, en los niveles más altos, estos biomarcadores aparecían tanto en los humanos como en los bull terrier y que, además, tanto en uno como en otro caso, los incrementos eran de corte muy similar. Lo que venía a confirmar que, efectivamente, se podría empezar a hablar de perros con algún tipo de autismo.

MODELOS DE ESTUDIO

En términos similares concluían las investigaciones de David Beversdorf, del departamento de Neurología de la Universidad de Missouri, que publicó su estudio *Comportamiento social relevante para el autismo en caniches*. Sin embargo, hasta la fecha, ninguno de los estudios que han sido realizados ha conseguido mostrar con claridad algún biomarcador que pueda facilitar el diagnóstico objetivo del TEA.

El noviembre pasado, la revista *Applied Animal Behaviour Science* (Ciencias Aplicadas del Comportamiento Animal) publicaba *The effects of social and non-social distracting stimuli on dogs with different levels of social competence – Empirical evidence for a canine model of autism*, realizado por personal de la Universidad Eötvös Loránd, la más antigua de las universidades húngaras, con el objetivo de determinar si es posible establecer un modelo

Existen casos de perros diagnosticados como esquizofrénicos que ladran de forma ruidosa sin que haya un motivo especial o que muestran comportamientos agresivos sin ninguna provocación.

canino del autismo que pueda ser utilizado tanto en la búsqueda de esos marcadores biológicos como en la investigación de las posibles terapias para los TEA.

Como herramientas de ayuda en el diagnóstico de TEA en niños, se utilizan una serie de encuestas y test —Coeficiente del espectro autista (AQ), Cuestionario de comunicación social (SCQ), Detección temprana de rasgos autistas (ESAT), Escala de respuesta social (SRS), etc.— Tomando como base ocho de los cuestionarios utilizados con más frecuencia, el equipo de la Universidad de Budapest preparó una larga serie de preguntas que deberían rellenar voluntariamente los propietarios de los perros participantes en el estudio con el fin de evaluar los aspectos de habilidades sociales caninas que pudieran relacionarse de forma más o menos directa con comportamientos equiparables al TEA. Así, por ejemplo, se preguntaba los propietarios por la facilidad de establecer contacto ocular con su perro, la frecuencia con la que el animal era el iniciador de juegos o de contacto físico, su sociabilidad con personas extrañas o su posible empatía, o la falta de ella, con el estado emocional del humano propietario. El último tercio de esta Encuesta de Respuesta Social Interespecífica buscaban detectar posibles síntomas de TEA no relacionados con la interacción social como las conductas repetitivas, las posibles manifestaciones de miedo inusual o los cambios en las rutinas. La encuesta estuvo disponible para ser rellenada *online* durante algo más de 4 años siendo promocionada a través de diferentes plataformas y redes sociales de modo que, al cabo de ese tiempo, se obtuvieron datos de más de mil trescientos perros de más de un centenar de razas diferentes. El objetivo del estudio no era el de determinar la existencia o no de perros con una sintomatología similar a la de humanos con TEA, sino el de establecer la existencia de diferentes niveles de competencia social entre los perros, de modo que pueda considerarse la posibilidad futura de poder utilizarlos como modelo animal para su estudio, lo que permitiría acelerar los procesos de investigación sobre las causas del TEA y sus posibles tratamientos.

SHUTTERSTOCK

Los perros también pueden sufrir diversos trastornos mentales, como ansiedad y depresión.

El perro en la sociedad actual

DAVID SÁNCHEZ
Experto en mundo canino

SHUTTERSTOCK

El ser humano es un animal sociable. Nuestras amistades se convertirán en uno de los pilares más importantes que tendremos a lo largo de nuestra vida. Los amigos, esa familia que escogemos libremente, compartirán con nosotros alegrías y juegos, pero también trabajo, sufrimiento y momentos difíciles.

Si atendemos a la definición que ofrece la RAE, la *amistad* es el «afecto personal, puro y desinteresado, compartido con otro individuo, que nace y se fortalece con el trato». La amistad entre el hombre y el perro se ha regido y fortalecido desde hace milenios gracias a valores como la confianza mutua, la lealtad, la generosidad y el compromiso. ¿No es considerado acaso el perro el mejor amigo del hombre?

El filósofo griego Aristóteles contemplaba en su obra *Ética nicomáquea* tres tipos de amistad: la de utilidad, la accidental y la de lo bueno. Distintos análisis genéticos demuestran que la relación entre canes y humanos, que surgió accidentalmente en el continente europeo en una fecha sin precisar entre hace diecinueve mil y treinta y dos mil años, ha evolucionado como una relación de aprovechamiento en la que el ser humano obtiene múltiples beneficios con ella, y que ha acabado convirtiéndose en una relación de mutuo beneficio, casi una simbiosis, en la que las dos especies, irremediablemente ya, no entienden su existencia la una sin la otra, en algunos casos hasta rozar una dependencia casi completa.

La amplia diversidad de razas existentes y las peculiares características de cada una de ellas han permitido encontrar en este animal un enorme abanico de posibilidades.

Dice el dicho que «quien tiene un amigo tiene un tesoro» y en el caso del ser humano, la domesticación del perro supuso el hallazgo de un verdadero tesoro, no de oro, plata y joyas de valor incalculable, sino en forma de un compañero leal que ha compartido con nosotros las últimas etapas de nuestra historia.

La domesticación canina fue un proceso bastante lento y gradual del que todavía se desconocen muchos aspectos. En una de las teorías más aceptadas, ejemplares de lobos que merodeaban los asentamientos humanos comenzaron a aprovechar los restos de comida desechados por estos. El hombre observó que esta presencia alejaba a otros peligrosos depredadores, por lo que quiso explotar este beneficio manteniendo cerca a los más dóciles y aprendiendo a criar a los cachorros abandonados o secuestrados a sus madres. Podríamos considerar este momento como el inicio de esa amistad accidental que proponía Aristóteles y que dura en nuestros días. El tiempo y la selección artificial se encargarían del resto.

AL PRINCIPIO FUE LA CAZA...

La amplia diversidad de razas existentes y las peculiares características de cada una de ellas han permitido encontrar en este animal un enorme abanico de posibilidades. Desde su domesticación, el ser humano ha cruzado, seleccionado y mejorado las razas más adecuadas para cada tipo de tarea requerida, forjando con ello una relación de utilidad que se mantiene estrecha y fuerte hasta el día de hoy.

Su utilización en la caza fue uno de los primeros usos y sigue siendo muy popular. Según la Federación Cinológica Internacional, la mayor organización canina del mundo, seis de los grandes grupos de perros corresponden exclusivamente a perros de caza: sabuesos, terriers y teckels, perros de muestra como el braco o el pointer, perros cobradores y levantadores como el spaniel son usados para la caza de cérvidos, zorro, jabalí, aves, liebres o presas más espectaculares como el leopardo de las nieves, la foca, el reno, e incluso el león, el tigre y el oso en algunas partes del mundo.

Igualmente, el uso de perros de guarda para la protección y manejo del ganado es una práctica casi tan antigua como la propia actividad ganadera. Aunque el border collie es considerado el mejor perro para el manejo de rebaños de ovejas, cabras y otro ganado de granja, existen otras setenta razas de

GETTY

La utilización del perro en la caza fue uno de los primeros usos y sigue siendo muy popular.

SHUTTERSTOCK

Razas como el husky siberiano, el alaskan malamute o el samoyedo han mantenido una relación estrecha y beneficiosa con los habitantes de las regiones árticas desde hace 4000 años.

perros pastores y boyeros según confirman la FCI y la Real Sociedad Canina de España. Razas como el husky siberiano, cuyo origen aparece ligado a la tribu siberiana chukchi, el alaskan malamute, el samoyedo, el elkhound noruego de gran ayuda para la caza de alces o el perro de Groenlandia utilizado para el arrastre de trineos han mantenido una relación estrecha y beneficiosa con los habitantes de las regiones árticas desde hace cuatro mil años.

Los antiguos pobladores de las regiones circumpolares del norte ya hacían uso de estos animales para tirar de los trineos transportando cargas o personas, cazar, pescar, ayudar con la cría y cuidado del ganado o, simplemente, como animal de compañía. Gracias al uso de perros esquimales, se consiguió alcanzar y regresar con vida de uno de los lugares más extremos e inaccesibles de nuestro planeta: el Polo Sur geográfico.

El indispensable papel que ha adquirido el perro como miembro de pleno derecho de la sociedad es comprensible si analizamos la cantidad de servicios que proporciona: los perros de asistencia (perros lazarillo o guía que apoyan a invidentes o personas con graves deficiencias visuales y perros señal o de señalización de sonidos que realizan la misma labor con personas con discapacidad auditiva) son adiestrados para servir de compañía a personas que muestran alguna discapacidad física o intelectual y contribuyen a mejorar de forma sustancial la autonomía y calidad de vida de estas personas.

INVESTIGACIÓN CIENTÍFICA

La terapia asistida con animales utiliza perros como elemento de apoyo en sesiones profesionales de psicólogos, psiquiatras o fisioterapeutas. Estas técnicas buscan reducir los efectos de dificultades físicas, cognitivas o emocionales en pacientes hospitalizados, personas mayores, niños con cáncer, autismo o síndrome de Down. Los beneficios están más que demostrados: mejoran el estado de ánimo, la sociabilidad, disminuyen los síntomas de depresión en personas ancianas, contribuyen a disminuir la tensión arterial y la frecuencia cardiaca de la

GETTY

El indispensable papel que ha adquirido el perro como miembro de pleno derecho de la sociedad es comprensible si analizamos la cantidad de servicios que proporciona en la actualidad.

La terapia asistida con animales utiliza perros como elemento de apoyo en sesiones profesionales de psicólogos, psiquiatras o fisioterapeutas.

persona enferma y suponen una motivación añadida para mejorar la predisposición del paciente al trabajo propuesto como parte de su tratamiento.

Un debate siempre controvertido es el de su uso en investigación científica. El buen comportamiento, docilidad y tamaño, que convierten al beagle en un inmejorable compañero, le han convertido en la primera opción en experimentación animal. El 96 % de los sesenta y cinco mil perros usados anualmente en EE. UU. en estudios para testar productos cosméticos, fármacos, tóxicos y otras investigaciones pertenecen a esta raza.

Atrocidades como las reveladas en 2021 por la empresa Vivotecnia y el empuje de asociaciones en favor de los derechos de los animales han ayudado a crear una legislación más rigurosa en el empleo y trato de estos animales en investigación y la búsqueda de otras alternativas experimentales en Europa. Sin embargo, en países como China se sigue permitiendo e incluso son de obligada realización por las empresas, por lo que el cese de su uso parece complicado a corto plazo.

Algunas razas muestran un carácter y cualidades ideales para ser adiestradas en trabajos técnicos y meticulosos. Los perros bombero están entrenados para el rescate de supervivientes de accidentes, atentados y desastres. Estos animales serán capaces de dejarse su vida entre los escombros como Dayko, un ejemplar de golden retriever que se hizo famoso al fallecer tras varias horas de intenso trabajo buscando supervivientes entre los escombros del terremoto que asoló Ecuador en 2016.

Los perros policía son miembros de pleno derecho de los cuerpos y fuerzas de seguridad. Las unidades especiales de guías caninos cuentan con perros adiestrados en la detección de sustancias estupefacientes y explosivos, búsqueda y localización de restos humanos, detección de acelerantes del fuego, billetes de curso legal, armas de fuego, localización de personas ocultas y apoyo a las patrullas antidisturbios en labores de vigilancia y protección ciudadana. Tan inteligentes e intuitivos, como cariñosos y sociables, razas como el pastor alemán, belga, malinois, rottweiler o cocker spaniel son sometidas a un intenso entrenamiento desde que tienen un año, lo que les permitirá trabajar de forma eficiente durante una media de ocho o nueve años aproximadamente.

Sin embargo, en nuestro desmedido afán por obtener las razas más útiles y las mascotas más codiciadas, hemos podido perder un poquito el norte al jugar con las características fenotípicas de estos animales. Insatisfechos por naturaleza, sobrepasamos la delgada línea entre necesidad y capricho y comenzamos a priorizar la estética a la salud del propio animal. La mutilación de orejas y cola, lesiones en la columna, hernias, problemas respiratorios y articulares, obesidad, sordera, displasias en la cadera y otra multitud de problemas de salud son el elevado precio que algunas razas como bull terrier, shar pei, pug, gran danés o bóxer deben pagar por el proceso de selección artificial al que han sido sometidas.

UN VÍNCULO MUY ESTRECHO

Como ocurre con las amistades más valiosas, el tiempo y el cariño han convertido a estos animales no ya en simples mascotas, sino en seres sintientes protegidos incluso por el Código Civil como miembros familiares de pleno derecho.

Los restos óseos humanos encontrados en la tumba de Bonn-Oberkassel (Alemania) con una edad de catorce mil años presentan la compañía de restos incompletos de perro y otros objetos artísticos labrados con huesos de animales. Tras someter a los restos a un análisis más profundo, se descubrió que mostraban signos de haber recibido cuidados para tratar la enfermedad del moquillo. De tratarse de un enterramiento familiar, supondría que el animal habría recibido las atenciones necesarias para poder sobrellevar la enfermedad, ¿podemos hablar de las primeras mascotas de la humanidad?

SHUTTERSTOCK

Los perros bombero están especialmente entrenados para el rescate de supervivientes de accidentes, atentados y desastres.

SHUTTERSTOCK

El vínculo afectivo que algunas personas experimentan es tan estrecho que lo anteponen al cariño de familiares, amigos y conocidos.

El vínculo tan estrecho que se establece entre dueño y mascota predispone al tercer tipo de amistad: la amistad de lo bueno. Los beneficios que aporta vivir con un perro como mascota son innegables y están científicamente demostrados. Un estudio realizado en 2019 entre casi cuatro millones de personas de Estados Unidos, Canadá, Escandinavia, Nueva Zelanda, Australia y el Reino Unido descubrió que tener un perro se asociaba a una reducción del 24 % de muerte prematura por cualquier causa y un 31 % menos de probabilidades de morir a causa de una enfermedad cardiovascular si ya se había sufrido un infarto anterior.

Sin embargo, aquí vuelve a aparecer un nuevo lunar en nuestra relación con esta especie: la alta dependencia de nuestro cuidado que hemos generado en muchas razas, generalmente pequeñas. En la búsqueda de la mascota perfecta: adorable, cariñosa y con un tamaño adecuado para viajar cómodamente dentro de un bolso de mano, hemos diseñado razas como el yorkshire terrier, chihuahua, bichón maltés o el shih tzu, originario del Tíbet, cuya única función es la del acompañamiento y cuya capacidad de supervivencia, alejada de los cuidados humanos, es altamente improbable.

El debate se vuelve todavía más intenso, ¿hemos sobrepasado el límite de humanización de nuestras mascotas? El vínculo afectivo que algunas personas experimentan es tan estrecho que para muchos dueños llega a anteponerse al cariño por familiares, amigos y conocidos. Es totalmente comprensible que una mascota necesita atenciones, tratamientos médicos, revisiones y una alimentación adecuada a sus necesidades, pero tratarlas como si fueran personas atribuyéndoles necesidades inherentes a nuestro propio bienestar (joyas, ropa, tratamientos estéticos, alimentación gourmet, etc.) puede distorsionar la realidad de estos animales y sus verdaderas necesidades. En el momento de crisis tan grave que vivimos, algunas mascotas reciben atenciones prohibitivas para la mayor parte de la población humana.

El mismísimo papa Francisco durante su primera audiencia del año mostró su preocupación sobre el desplazamiento que las mascotas están realizando sobre la propia maternidad y que, en su opinión, podría ser una de las posibles causas de la baja natalidad en países desarrollados. ¿Acaso estamos convirtiendo a estos animales en sustitutos de nuestra propia descendencia? La polémica está servida.

Dicen que una amistad es para toda la vida. La mayor o menor esperanza de vida que pueda alcanzar nuestro amigo (entre los ocho y los diez años en perros de raza grande y los veinte que pueden alcanzar las razas más pequeñas) dependerá de su genética, peso, alimentación, estilo de vida, pero también de los cuidados y atenciones que reciban. Por tanto, y como ocurre con nuestro círculo de amigos, tenemos la responsabilidad y obligación moral de cuidar y mantener una relación sana, estrecha y duradera con una especie que pasea a nuestro lado desde hace catorce mil años.

¿Qué razas nos gustan más hoy?

MIGUEL ÁNGEL CRUZ SÁNCHEZ
Doctor en Biología por la Universidad de Salamanca (USAL)
Profesor de Biología y Geología en el IES Ribera de Castilla (Valladolid)

SHUTTERSOTCK

Según la Federación Cinológica Internacional (FCI), la mayor asociación de este tipo, existen actualmente trescientas cuarenta y una razas caninas reconocidas en el mundo (con distintas variantes dentro de estas) divididas en diez grupos: perros de compañía, lebreles, pastor y boyeros, terriers, teckels, de tipo sabueso o perros de muestra. Se suman a estas doce razas reconocidas solamente a título provisional, mientras que obviamos en el recuento la enorme cantidad de razas mixtas que existen en el mundo y que no se pueden cuantificar. Si atendemos a otras grandes asociaciones, como la American Kennel Club (AKC) de Estados Unidos, el Kennel Club de Gran Bretaña o la United Kennel Club (UKC) (organización que gestiona una de las mayores bases de datos de razas caninas del mundo), el número de razas variaría entre unas doscientas, reconocidas por las dos primeras, y las casi cuatrocientas cincuenta, reconocidas por la tercera.

A pesar de esta gran variedad, algunas razas son más deseadas que otras, basándose su elección en motivos tan variados como la utilidad o las modas y tendencias.

Según los datos de la Real Sociedad Canina de España (RSCE), las diez razas de perros más demandadas entre los españoles en 2021 fueron: el pastor alemán, el setter inglés, el labrador, el caniche, el chihuahua, el golden retriever, el bichón maltés, el pomerania, el perro de agua español y el schnauzer miniatura. ¡Conozcámoslos!

1. PASTOR ALEMÁN, EL DESEADO: cuidador de rebaños de origen alemán, nace como raza en 1899. Su mirada inteligente y segura, sumada a su lealtad, valentía y versatilidad le han valido el primer puesto. De un temperamento equilibrado y valiente, su capacidad para entrenar y asimilar órdenes es ilimitada, de ahí que sea utilizado como perro de policía y ejército, rastreador, lazarillo, detector de drogas, perro de guarda o compañero. Es buen protector del hogar y la familia (es distante y receloso con los extraños), también puede convivir con niños.

Animal majestuoso y de gran tamaño (30-40 kg), requiere de un espacio suficiente que le permita satisfacer su necesidad de actividad física y así encontrar el equilibrio que lo mantenga tranquilo, sabedores de que la falta de ejercicio puede provocarle un crecimiento débil y enfermizo. Sociable, prefiere la compañía de sus amos a la soledad.

SHUTTERSOTCK

GETTY

A la izquierda, pastor alemán y, a la derecha, setter inglés.

2. SETTER INGLÉS, GENTLEMAN: es una raza fijada en 1860, se cree que sus orígenes se remontan al siglo XIV. Se trata de un elegante perro de muestra, mediano, de gran belleza y elegancia de formas y aspecto, por lo que es considerado «el *gentleman* de los perros». Distinguimos dos clases: la que acude a exhibiciones de belleza y la que trabaja en el campo, mostrando este cualidades cinegéticas en campo abierto.

Es un animal cariñoso, dócil, amistoso e ideal para tener con niños. Demandante de atención y de cariños constantes, es muy activo y juguetón, por lo que no será apto para dueños sedentarios. De piel moteada, su largo pelaje, compuesto de una capa larga y sedosa, precisa de un cuidadoso aseo y cepillados frecuentes para lucir su mejor aspecto.

Se adapta perfectamente a la vida dentro de casa, donde se comporta con tranquilidad y mansedumbre, por el contrario, en el exterior tiene un comportamiento más agitado y nervioso por su necesidad de ejercicio y de correr en libertad.

GETTY

GETTY

A la izquierda, labrador retriever y, a la derecha, caniche.

GETTY

Un perro labrador es entrenado para el rescate marítimo.

3. LABRADOR RETRIEVER, APACIBLE: originario de Canadá, fue desarrollado como raza en Inglaterra. Muy sociable, incluso con desconocidos, su dulzura, simpatía, carácter bonachón, espíritu juguetón e inteligencia hacen de esta una de las razas más populares del mundo. Su devoción y ternura con los niños lo convierten en un magnífico perro de compañía, sin despreciar su habilidad para el cobro de piezas de caza y como perro de asistencia, siendo la raza escogida por muchas organizaciones que adiestran perros guía. También destaca en el rescate en montaña y aludes.

Tiende a la obesidad, por lo que no hay que descuidar su dieta, cuando empieza a comer ya no sabe cómo parar. Necesita de ejercicio diario y quizá de un jardín amplio. A pesar de que es fácil de educar, tus objetos y puertas corren peligro cuando es un cachorro si no se le enseña lo que está bien.

Originariamente negro, cuenta con tres colores posibles: el crema arena, el negro y el marrón chocolate, teniendo estos últimos fama de ser más inquietos. Mudan bastante el pelo, así que necesitan un cepillado frecuente.

4. CANICHE, DESPIERTO: que no os engañen esos cortes de pelo, ni la imagen de un accesorio de moda demasiado arreglado, pues su nombre significa «perro pato», aludiendo a su habilidad nadadora como cobrador de presas en el agua. La cruza ha dado como resultado tres tamaños, el *toy* (< 28 cm), el enano (28-38 cm) y el estándar (> 38 cm), siendo los dos primeros más propicios para la vida en la ciudad y el último, para la vida en el campo y al aire libre.

Fácil de educar, su inteligencia y capacidad de aprendizaje son excelentes, pero resultan desobedientes y caprichosos, si no son convenientemente adiestrados. Es muy sociable, por lo que, si se le deja solo muchas horas, sus ladridos, en especial en las variedades de menor tamaño, pueden acarrearnos problemas con los vecinos.

5. CHIHUAHUA, PEQUEÑO GRAN PERRO: con grandes ojos y nariz respingona, el chihuahua o chihuahueño es una de las razas más antiguas de América, siendo originario del estado mexicano de Chihuahua, si bien su nombre no alude a este, sino que en la lengua del pueblo rarámuri *chihuahua* significa «lugar árido y arenoso».

Con sus dieciséis a veinte centímetros y sus menos de tres kilos es considerado el más pequeño del mundo, lo que lo convierte en ideal para mantenerlo en un apartamento o alojamiento pequeño. A pesar de ser considerado uno de los perritos falderos por excelencia, es una mascota viva, despierta, con gran capacidad

SHUTTERSTOCK

Chihuahua.

SHUTTERSTOCK

A la izquierda, bichón maltés y, a la derecha, pomerania.

de adaptación, de rápidos movimientos, leal y una excelente compañía. Sin embargo, hay que saber que no es el perro más dócil, es temperamental y de ladrido fácil, si no aprende a socializar desde cachorro. Tiene reputación de querer morder a los extraños o a los niños y es que su pequeño tamaño le hace temer a casi todo, si bien no se acobarda.

Es una buena elección como primer perro, es una de las razas más longevas, algunos superan los veinte años, tendrás un amigo para mucho tiempo. Hay que considerar que su diminuto tamaño lo hace vulnerable al frío, especialmente los de pelo corto.

6. GOLDEN RETRIEVER, AFABLE: de origen escocés, fue desarrollada a mediados del siglo XIX a partir de distintas razas de perros cazadores.

Si buscamos un perro guardián, no será este. Naturalmente dotado para el trabajo, su temperamento tranquilo, bondadoso, amigable y sumiso, así como su facilidad de entrenamiento, hacen de él el compañero ideal para una gran variedad de perfiles. Es, además, una de las razas más versátiles que existe, siendo utilizado tanto en el cobro de aves, como en la detección de explosivos y drogas, rastreo y rescates, en ayuda como perro guía y de terapia para visitar hospitales y, por supuesto, como excelente compañía. Fiable en presencia de niños, de los que se siente protector.

Es muy glotón y necesita realizar bastante ejercicio, aunque se adapta perfectamente a un piso si se le saca de paseo diariamente para que se ejercite.

7. BICHÓN MALTÉS, ADORABLE: de talla pequeña, su origen se pierde en el tiempo, conociéndose la existencia de esta raza en el Egipto de los faraones, desde donde pasaron a Grecia y Roma.

Al contrario de lo que se piensa, el adjetivo «maltés» no indica su origen geográfico, sino que proviene del vocablo semítico *màlat* («refugio o puerto»), y es que sus ancestros vivían en las ciudades costeras del Asia central, donde cazaban a los ratones y las ratas que se hallaban en los almacenes de los puertos y en las bodegas de los barcos. Actualmente, su instinto cazador está prácticamente desaparecido.

GETTY

GETTY

A la izquierda, perro de aguas español y, a la derecha, schnauzer miniatura.

A pesar de su aspecto delicado, es un perro fuerte, de carácter vivo y alerta, actitud que lo hace tan efectivo como una alarma. Muy fácil de educar, es muy inteligente, dócil y juguetón, destacando en deportes caninos de obediencia, pero no es ni solitario ni independiente, por lo que si va a pasar muchas horas solo en casa no es la mejor elección.

Aunque prefiere el sofá, necesita de un paseo rutinario que sea capaz de satisfacer sus necesidades de ejercicio. Su aspecto delicado, especialmente en los de pelo largo, su gran atractivo al caer en cascada por los costados, requiere de cuidados especiales a diario, como cepillado del manto o lavado de ojos y barba, después de las comidas.

Otro aspecto importante es que forma parte del grupo de perros hipoalergénicos, pudiendo convivir con personas que padecen alergias o problemas respiratorios.

Perros de trabajo

ENRIQUE SOLÍS
Educador canino

SHUTTERSTOCK

Aunque la definición de perro de trabajo no hace honor a lo que realmente significan para nosotros estos maravillosos animales, son el motivo principal por el que hoy en día tenemos el placer de compartir nuestras vidas con ellos. Al fin y al cabo, nuestra relación comenzó con individuos de los que el ser humano podía obtener ayuda. Participaban en actividades de caza, defendían al grupo y el lugar donde vivían y comenzó una relación entre hombre y perro que ha ido evolucionando conjuntamente.

El ser humano no tardó en percatarse de las ventajas que presentaban sus sentidos más desarrollados, el olfato y el oído y, cuanto más los estudiamos, más actividades se nos ocurren en las que pueden prestarnos una inestimable ayuda.

Los perros de trabajo son entrenados para llevar a cabo tareas concretas y especializadas, obteniendo, a lo largo de su vida, una experiencia que les permite perfeccionar sus sentidos y desarrollar su labor de una manera totalmente fiable.

En determinados sectores, sin entrar a valorar si es ético entrenar a nuestros compañeros para alguna de estas tareas, los adiestramientos no se realizan siempre de la manera más amable. En LealCan, donde seguimos una filosofía de educación canina en positivo, pensamos que tenemos no solo la posibilidad sino también la obligación de adaptar las técnicas utilizadas para estos entrenamientos, en función de todos los

SHUTTERSTOCK

Los perros de servicio prestan ayuda a personas con movilidad reducida, les ayudan a caminar por la calle, a abrir puertas o les acercan determinados objetos...

conocimientos y evidencias disponibles en la actualidad. Esto nos permite trabajar de forma respetuosa, evitando un trato coercitivo y sin olvidar nunca que los perros, ante todo, son seres sintientes, seres vivos con necesidades que debemos atender y cubrir. Es necesario seguir mejorando la calidad de vida de estos perros que tanto nos ofrecen, ya que somos nosotros quienes decidimos compartir nuestra vida con ellos y encomendarles una labor sin que intervengan en esta decisión. Al final, perros y humanos formamos un equipo inseparable y debemos buscar el bienestar de ambas partes.

PERROS DE ASISTENCIA

- **Perros guía:** se convierten en ojos para las personas invidentes. Les ayudan, entre otras cosas, a caminar por la calle sorteando los obstáculos cotidianos y se les entrena para que sepan cuándo cruzar la vía, por ejemplo, enseñándoles incluso a desobedecer señales que puedan implicar algún peligro para su humano, como seguir caminando si se aproxima un coche.

• **Perros señal:** son los oídos de personas con problemas de audición. Se les entrena para reconocer distintos tipos de sonidos y poder alertar a su compañero humano tanto de su existencia como de su procedencia.

• **Perros de servicio:** prestan ayuda a personas con movilidad reducida, ayudándoles a caminar por la calle, abriendo puertas o acercándoles determinados objetos como el mando de la televisión o las llaves de casa.

• **Perro de alerta médica:** acompañan constantemente a personas con algún tipo de enfermedad, como la diabetes o la epilepsia, y les avisan cuando haya variaciones que hagan necesario emprender acciones, como pueda ser tomar cierta medicación. Pueden incluso alertar a personas alérgicas de productos que contengan algún tipo de alérgeno como lactosa, huevo, frutos secos, etc.

• **Perro de TEA:** ayudan a personas con trastorno del espectro autista en su día a día, mejorando su seguridad y confianza, aumentando su socialización, facilitando el sueño, bloqueando conductas de fuga, disminuyendo intensidad y frecuencia de posibles crisis o reduciendo los niveles de estrés y ansiedad.

SHUTTERSTOCK

Los perros de alerta médica acompañan a personas con algún tipo de enfermedad y les avisan cuando sea necesario emprender acciones, como tomar la medicación.

• **Perros de asistencia psiquiátrica:** acompañan a personas con trastornos como la esquizofrenia, trastorno de estrés postraumático, trastorno bipolar, depresión, ansiedad, etc. Sus tareas son muy amplias dependiendo de lo que su compañero bípedo necesite, pero pueden incluir labores como recordarle que se tome la medicación, interrumpir un estado de comportamiento indeseable, bloquear el contacto con otras personas, buscar y entregar el móvil para llamadas de emergencia, encender luces, etc.

PERROS DE INTERVENCIONES ASISTIDAS CON ANIMALES (IAA)

A diferencia de los anteriores, estos perros no conviven directamente con las personas que requieren de su ayuda, sino que acompañan a los terapeutas y técnicos en intervenciones contribuyendo en la mejora de la salud emocional de los usuarios a los que se dirigen y en la consecución de los propósitos que se planteen. Así, estas intervenciones pueden tener objetivos terapeuticos, como las terapias asistidas con animales en el ámbito de la salud y la educación asistida con animales en el de la educación. También encontramos actividades asistidas con animales, que no se encuentran dirigidas a alcanzar objetivos terapéuticos claros y se orientan hacia la mejora de la calidad de vida con un carácter más recreativo.

Los seres humanos tendemos a sentirnos mejor acompañados por perros, ya que nos proporcionan, en líneas generales, seguridad, afectividad, calma y alegría, sin la incómoda sensación de estar siendo juzgados. Se convierten en parte del tratamiento y ayudan al profesional de la salud o la educación a alcanzar sus metas, ya sea captando la atención del paciente, motivándolo para ejecutar determinados movimientos, mejorando la socialización, o proporcionándole seguridad. Pueden trabajar en hospitales o centros de atención médica, colegios, juzgados, centros penitenciarios, etc.

• **Perros de búsqueda y rescate:** en este caso también encontramos una gran variedad de individuos. Nos ayudan

GETTY

Los perros de detección son los que tienen el olfato más desarrollado para detectar drogas, explosivos, personas, dinero...

localizar a personas que se han perdido, han sufrido algún accidente o han sido víctimas de algún desastre. Su labor no solo consiste en buscar a montañeros extraviados y proporcionarles calor hasta la llegada de ayuda humana, sino también en localizar personas bajo una avalancha de nieve o entre los escombros de un terremoto o un derrumbe. Del mismo modo, hay perros que son entrenados para encontrar cadáveres o restos humanos enterrados o en grandes extensiones.

- **Perros salvavidas:** son entrenados como «vigilantes de la playa» para auxiliar a las personas que tienen problemas en este medio. No solo son capaces de localizarlos y sacarlos del agua, sino que también están entrenados para acostarse a su lado, proporcionándoles calor, evitando así que sufran una hipotermia.
- **Perros de detección:** en este campo encontramos una gran variedad, ya que el olfato es su sentido más desarrollado y pueden hacer auténtica magia con él. Pueden detectar drogas, explosivos, acelerantes del fuego, billetes de curso legal, personas ocultas, armas de fuego… Cada día aumenta la lista porque

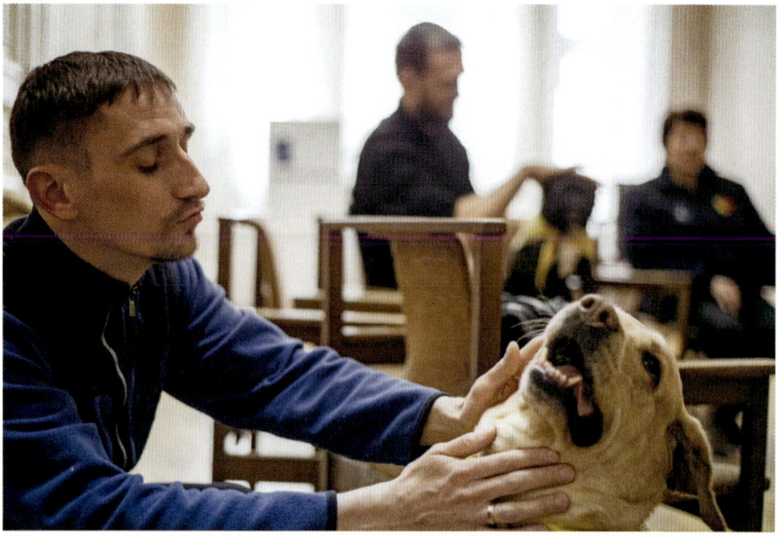

GETTY

Los perros son amigos, compañeros, ayudantes, maestros, tienen una inteligencia y un talento natural increíble.

todavía no hemos llegado a imaginar todo lo que nos pueden aportar con esta capacidad olfativa. Pero su aportación no se restringe únicamente al ámbito de la seguridad sino que, en lo que a salud humana se refiere, además de los entrenados para alerta médica, los hay para detectar distintos tipos de cáncer o incluso bacterias dentro de un hospital que puedan resultar peligrosas. También en este sector encontramos a los denominados perros de conservación, entrenados para hallar muestras de pelo o de excrementos, restos animales, plantas, semillas, insectos, etc., con el fin de proteger la naturaleza. Hace unos años en LealCan entrenamos a dos perritas para buscar plomo en una empresa de reciclaje de material. El principal límite para encontrar tareas en las que nuestros perros nos puedan ayudar en el campo de la detección es nuestra propia imaginación.

• **Perros paramédicos:** son enviados con suministros de primeros auxilios en busca de soldados heridos durante las batallas y, una vez finalizadas, guían a los médicos de combate hacia los combatientes que requieren su ayuda.

• **Perros referente o perros maestro:** uno de los últimos campos en los que hemos introducido la inestimable ayuda de nuestros canes es, precisamente, la del comportamiento canino. Al igual que en la terapia con humanos, los perros se convierten en parte del programa de modificación de conducta, facilitando, entre muchas otras cosas, la comunicación con el perro que sufre los problemas, ya sean miedos, comportamientos reactivos o agresivos o estrés y ansiedad. Realizan su labor de una manera que el ser humano no puede llegar a alcanzar, convirtiéndose en referentes de su misma especie de los que aprender a gestionar emociones y a desarrollar conductas más apropiadas y funcionales.

OTRAS ACTIVIDADES

El pastoreo y la caza fueron de las primeras actividades, además de la protección, que realizaron los perros junto a los humanos, debido a sus grandes habilidades para el trabajo y el sacrificio que demuestran:

• **Perros pastores: podemos distinguir dos tipos de tarea:**
  - Unificar, controlar y guiar al rebaño en sus desplazamientos.
  - Proteger al rebaño de posibles depredadores como los lobos. Una de las grandes cualidades del perro como animal social es que es capaz de sentir como núcleo familiar a aquellos individuos con los que convive y, aunque no sean de su especie, los protegerá ante cualquier amenaza.

• **Perros de caza:** hay distintas especializaciones englobadas en este sector:
  - Perros de rastro: disponen de una capacidad olfativa muy elevada y pueden cazar en solitario o en grupo, las conocidas jaurías. Una vez que detectan a la presa, la persiguen mientras van ladrando para avisar a los cazadores de su recorrido o para conducirla hacia ellos.
  - Lebreles: estos se guían más por la vista que por el olfato y su característica principal es la gran velocidad que alcanzan persiguiendo la pieza.

SHUTTERSTOCK

Los perros pastores guían y controlan el rebaño y, también, lo protegen.

- Terriers: cazan a la presa en su propia madriguera, entran por los túneles que hacen los animales y los hacen salir. De ahí lo apropiado de su pequeño tamaño. El yorkshire, que en la actualidad es uno de los perros de compañía escogidos por su reducida dimensión, en su momento era muy valorado por su capacidad para exterminar roedores.
- Perros de muestra: una vez localizada la presa permanecen estáticos señalándole al cazador su ubicación.
- Perros de cobro: se dedican a recoger las piezas que el cazador abate y llevarlas hasta él. En este grupo podemos incluir el perro de agua español que puede efectuar este cobro en zonas acuáticas.
- Perro levantador: su misión es que las aves que están escondidas emprendan el vuelo para que se pongan a tiro de su compañero humano.

Los perros son amigos, compañeros, ayudantes, maestros. Tienen una inteligencia y un talento natural increíble que, con un entrenamiento que potencie todas esas aptitudes, los lleva a ser miembros indispensables de un equipo de trabajo. El vínculo con su humano es la pieza clave. Se crea entre ellos una relación tremendamente fuerte y sólida de amistad, respeto y confianza mutua. El trabajo que desarrollan los perros junto con sus humanos es, a día de hoy, insustituible, ni siquiera la tecnología humana consigue superar estas capacidades del binomio humano-perro.

SHUTTERSTOCK

En los perros de caza hay diferentes especializaciones: de rastro, lebreles, terriers, de muestra, de cobro, levantador...

¿Cómo cuidan de nuestra salud?

DAVID ORDÓÑEZ
Educador canino y experto en intervenciones asistidas con perros

SHUTTERSTOCK

La terapia y la intervención asistida con perros, en general, es un tipo de mediación en la que se introducen perros seleccionados y entrenados que ayudan a profesionales del campo de la salud, la educación y/o lo social al cumplimiento de unos objetivos previamente establecidos. Esta intervención se basa en el vínculo humano-animal que se genera a través de las interacciones dirigidas y planificadas entre las personas receptoras de la intervención y los animales participantes. Cuenta con un amplio recorrido, desde mediados del siglo XX, pero es ahora cuando se ha empezado a extender y a ser más frecuente, podemos verlo en muchos ámbitos del cuidado de la salud, la educación o la intervención social.

¿POR QUÉ UN PERRO?

El perro es la especie animal que más éxito social ha tenido entre los seres humanos. Es evidente y podemos constatarlo echando un simple vistazo a un parque de cualquier ciudad al atardecer o dando un paseo a primera hora de la mañana. Aunque, los datos también lo demuestran. Actualmente, según la Asociación Nacional de Alimentos para Animales de Compañía (ANFAAC), en España, en 2021, había censados 9,3 millones de perros. Si lo comparamos con el número de personas menores de quince años (6,6 millones) se evidencia la

La terapia asistida con perros se está implantando cada vez más en diferentes campos de la terapia, la educación y la intervención social.

importancia que han tomado estos animales en la estructura social de las familias en nuestro país.

Es especialmente significativo el aumento que hubo en el número de perros en los hogares durante la pandemia, que pudo deberse a varios motivos. Todavía no hay estudios concluyentes al respecto, pero una de las hipótesis que se barajan es que las personas que viven en soledad, o aquellas que viven en pareja sin hijos a su cargo, cubren parte de sus necesidades emocionales y de relación social con el cuidado y la convivencia con un perro. No es que convivir con un perro sea algo fácil, en ocasiones presentan problemas de comportamiento o necesitan atención y cuidados diarios, sin olvidar el coste económico derivado de dicha convivencia. Entonces, ¿por qué el número de perros no deja de crecer en pueblos y ciudades? Tal y como se establece en las estadísticas objetivas publicadas hasta la fecha sobre el vínculo entre la persona y la mascota, las personas perciben mayores beneficios que costes en esta relación y, por lo tanto, aunque suponga una responsabilidad y preocupación, el perro le aporta al amo una mejora neta de su calidad de vida.

Los beneficios de la convivencia y las interacciones entre humanos y perros están ampliamente documentados. Ya en los años ochenta del pasado siglo, la científica Erika Friedmann estudió la influencia de los perros en la salud cardiovascular de las personas. Se sucedieron investigaciones en las que se catalogó al perro como «fuente de salud», lema de los congresos organizados en España por la Fundación Affinity, desde el año 1991, que tuvieron como objetivo divulgar con profesionales de los ámbitos terapéuticos, educativo y de lo social, los avances en lo que por aquel momento se denominaba «terapia y educación asistida por animales de compañía». Hacía

GETTY

Siempre se ha dicho que el perro es el mejor amigo del hombre, a la vista está que también ayuda a cuidar de nuestra salud.

EFE

El perro es un catalizador emocional que permite
mayor empatía y expresividad.

referencia a un tipo de intervención de carácter terapéutico y/o educativo en las que se incluía la participación de perros, fundamentalmente, que garantizasen el cumplimiento de los objetivos marcados en dichas mediaciones.

Así, la inclusión de perros en estos contextos terapéuticos y educativos ha sido ampliamente estudiada y se ha descubierto que el perro es un catalizador emocional que permite una mayor empatía y expresividad a ese nivel. Otros estudios apuntan a la función del perro como «lubricante social», como un elemento determinante a la hora de establecer una relación terapéutica entre un paciente y su terapeuta. Se consiguen avances más rápidos en diferentes tratamientos a nivel psicológico y físico. La introducción de perros en aulas tanto ordinarias como de educación especial puede ayudar a captar la atención de los estudiantes y motivarles en el proceso de aprendizaje.

EL ORIGEN

Casi toda la documentación escrita referida al ámbito de la terapia asistida con perros sitúa al psicólogo estadounidense Boris Levinson como la primera persona que sistematizó la introducción de un perro en un contexto de la psicoterapia moderna en los años sesenta del pasado siglo. El doctor Levinson descubrió, casi por casualidad, que algunos de sus pacientes interactuaban con más frecuencia y sentían una atracción especial por Jingles, el famoso perro de Boris. Así que consideró introducir dentro de sus sesiones una interacción dirigida y planificada entre sus pacientes y el perro. Los resultados que obtuvo, además del relato de su experiencia, los plasmó en su libro *Pet Oriented Child-Pshycotherapy*, publicado en 1969, el cual se convirtió en el manual de referencia para todas las experiencias que se desarrollarían después, fundamentalmente en el ámbito anglosajón.

No obstante, la mediación de perros en contextos terapéuticos, como elemento sanador en diferentes culturas, está documentado a lo largo de la historia del ser humano. El doctor James Serpell recopiló diferentes investigaciones que podrían considerarse precursoras de lo que hoy conocemos como intervenciones asistidas con animales. También se habla de la presencia de perros en templos de sanación tanto en la cultura del Antiguo Egipto, como en la Grecia Clásica. Los perros estuvieron presentes en el templo del dios Asclepio, donde se encargaban de lamer las heridas de los visitantes, pues se consideraba que podía tener un efecto sanador por su conexión con la divinidad. Son muchas las representaciones de dioses o semidioses en los que el perro y el gato son identificados con un rol divino o con cierta capacidad para sanar.

Ya en el siglo XII, en Bélgica, se documentó el uso de animales con una finalidad terapéutica frente a diversos trastornos mentales. Posteriormente, en el siglo XVIII, en el hospital York Retreat a las afueras de Londres, los pacientes tenían contacto con diferentes animales que participaban en su proceso con la intención de paliar sus enfermedades. En el siglo XIX, se empiezan a desarrollar trabajos similares tanto en el Bethlem Hospital, en Inglaterra, como en el sanatorio de Bethel, en Alemania.

Aunque en ese tiempo sigue sin haber una descripción del proceso terapéutico como tal, sí que parece haber un interés creciente por el efecto que provoca en las personas la presencia de un animal. Florence Nightingale, en una de sus obras describe cómo un animal puede ser un excelente acompañante para los enfermos. Es en el siglo XX, cuando nace un interés científico por la intervención de animales dentro de la terapia. En los años cuarenta, el doctor James Bossard, en su obra *Mental Hygiene*, indicó que «los animales de compañía son una parte integral de la vida familiar y deben ser considerados como un factor básico de la higiene mental». Desde entonces, hubo un desarrollo progresivo de la introducción de animales de manera intencionada, sobre todo, e inicialmente, en el ámbito de la salud mental como hiciera la terapeuta ocupacional Nise da Silveira en Brasil, o como la del experimento en el Hospital de Ohio, en los años setenta. La creación de la Delta Society (actual Pet Partners), en 1977, supone un punto de inflexión y supuso la expansión de la intervención asistida con animales al ámbito anglosajón y a otras regiones del mundo. No será hasta la década de los noventa y principios del siglo XXI cuando se produzca un *boom* del ámbito a nivel americano, australiano y europeo. En 1990, se creó la International Association of Human-Animal Interaction Organizations (IAHAIO) a la que le suces dieron otras entidades similares.

LA INTERVENCIÓN ASISTIDA CON PERROS EN LA ACTUALIDAD

A día de hoy, la intervención asistida con perros se está implantando cada vez más en diferentes campos de la terapia, la educación y la intervención social, si bien sigue siendo incipiente y poco conocida por el público en general. En el caso de España, podemos encontrar equipos de intervenciones asistidas

GETTY

La introducción de perros en aulas tanto ordinarias como de educación especial puede ayudar a captar la atención de los estudiantes y motivarles en el proceso de aprendizaje.

con perros trabajando en centros hospitalarios como el 12 de Octubre y Gregorio Marañón, en Madrid, Virgen del Rocío y Reina Sofía, en Andalucía, o el Sant Joan de Dèu, en Barcelona. Su inclusión es frecuente en las residencias de mayores o personas con discapacidad y en los centros ocupacionales. También se ha empezado a desarrollar un trabajo dentro de las aulas, tanto de educación ordinaria, como en educación especial. Según el mapa de entidades elaborado por la dirección del Máster Universitario en Intervención Asistida con Animales de la Universidad de Jaén y la Universidad Internacional de Andalucía, actualmente en España existen unas doscientas entidades dedicadas de manera profesional al desarrollo de este tipo de intervenciones que pueden ser complementarias para el cuidado de la salud de las personas. Esta diversificación, tanto a nivel sectorial como territorial, se ha debido, por un lado, a la profesionalización del sector en el que las entidades suelen estar compuestas en un alto porcentaje por profesionales de diferentes ámbitos de la salud, la educación y lo social, según el profesor Rafael Martos, de la Universidad de Jaén. Y por otro, a un alto nivel de aceptación del perro en estos entornos. La percepción y actitudes de las personas hacia este tipo de intervenciones es habitualmente positiva, tal y como ha estudiado Javier López-Cepero, profesor e investigador de la Universidad de Sevilla y autor del libro *Animales de compañía y salud*, publicado en 2019. Asimismo, hay un mayor interés por este ámbito desde un punto de vista investigador y académico. Prueba de ello es la creación de la Cátedra Institucional Animales y Sociedad en la madrileña Universidad Rey Juan Carlos, además del aumento exponencial de trabajos de fin de grado, trabajos de fin de máster y tesis doctorales, aún siendo escasas. En España, existen diferentes formaciones a nivel universitario, contando con un título de postgrado oficial en la Universidad de Jaén e Internacional de Andalucía, así como varios títulos propios en diferentes universidades públicas como la Universidad de Murcia, la Universidad de Valencia, la Universidad Autónoma de Madrid, etcétera.

En definitiva, el sector de las intervenciones asistidas con animales está en auge. Los perros están presentes cada día más en diferentes áreas de los hospitales, en centros educativos, trabajando con personas con discapacidad, también en el ámbito de la exclusión social y la igualdad. Siempre se ha dicho que el perro es el mejor amigo del ser humano, a la vista está que este amigo también ayuda a cuidar de nuestra salud.

La ciencia detrás de los beneficios de vivir con perro

¿QUÉ HAY DE CIERTO?

JAVIER LÓPEZ CEPERO
Psicólogo, Universidad de Sevilla

SHUTTERSTOCK

Perros y salud, un interés popular. Nuestra cultura está plagada de ideas que relacionan a los animales de compañía con la salud humana. El perro fue el primer animal domesticado, por lo que ha tenido tiempo de sobra (al menos quince mil años) para encontrar su papel dentro de las distintas sociedades alrededor del globo. El interés por conocer los efectos de los perros sobre nuestro bienestar trascendió hace mucho el saber popular, siendo un objeto de estudio que preocupa a profesionales de la psicología, la terapia ocupacional o la medicina, por citar algunos ejemplos. Pero ¿qué hay de cierto en esta idea?

HISTORIA DE UNA CONEXIÓN

A lo largo de los últimos milenios, humanos y canes no solo han coexistido, sino que han formado una relación simbiótica. Al inicio, el perro aportó sus habilidades para la caza y la protección mientras la parte humana ofreció mayor seguridad en el acceso a alimentos y cobijo. Esta colaboración permitió mejorar las probabilidades de supervivencia de todos los implicados (y sus descendientes).

Sin embargo, las necesidades en la Edad de Piedra y las actuales sociedades industrializadas son muy diferentes, por lo que esta explicación parece insuficiente para entender cómo el perro llega a nuestros días. Las habilidades de los perros siguieron siendo útiles al conquistar la agricultura y ganadería (por ejemplo, añadiendo la guarda y el pastoreo a sus funciones) pero el concepto de mascota, de animal que convive en el hogar sin más rol que el de proveer compañía, es muy reciente.

Diversos investigadores señalan la Edad Media como inicio del *boom* de los animales de compañía, coincidiendo con la migración masiva de población de entornos rurales a urbanos. Este cambio resulta interesante porque, por primera vez, un porcentaje relevante de la población dedicó recursos como comida o agua a mantener animales no destinados a producir bienes relacionados con la supervivencia. A lo largo de este proceso de cambio, los perros mutaron mediante selección artificial: dado que su cometido pasó a estar centrado en la compañía, su capacidad para interactuar y sincronizarse con humanos se vio privilegiada. No es raro, por lo tanto, que los actuales perros nos parezcan excelentes compañeros, ya que han sido elegidos con ese cometido.

INTERÉS CIENTÍFICO

Analizar los beneficios de la convivencia con perros supone un reto atrayente para muchos investigadores. Al aparente sinsentido evolutivo (sumar bocas que alimentar a la familia sin obtener ganancia aparente) se contraponen innumerables historias, anécdotas y mitos sobre las bondades del vínculo perro-humano. De hecho, la corriente de opinión sobre estos posibles beneficios es tan positiva que los investigadores rara vez encuentran problema en convencer de su existencia sino, más bien, en lo contrario.

Determinar los límites de estos beneficios, las condiciones que lo propician o lo disminuyen, y los mecanismos que permiten explicar estos efectos desde una óptica alejada de creencias mágicas son retos actuales para la comunidad científica. Dado que muchas personas de nuestro entorno tienen experiencia conviviendo con perros, el conocimiento obtenido puede ser relevante para gran parte de la población. Sin embargo,

SHUTTERSTOCK

Analizar los beneficios de la convivencia con perros supone un reto atrayente para muchos investigadores.

investigar sobre relaciones de larga duración es complejo y rara vez arroja una lectura sencilla: al igual que resulta poco realista decir que los amigos o la familia siempre son fuente de bienestar, en todos los casos y para todas las personas, nuestra relación con los perros también debe tener matices.

A continuación se revisan algunos beneficios físicos, psicológicos y sociales de la convivencia con perros, poniendo especial atención a las posibles explicaciones que se manejan actualmente.

EL IMPACTO DE LOS PERROS EN LA SALUD FÍSICA

En la década de 1980, una serie de estudios desarrollados en EE. UU. apuntaron un hallazgo sorprendente. Al cabo de un año, la supervivencia entre pacientes infartados fue superior para las personas que convivieron con animales de compañía que para aquellos que no lo hicieron. Lógicamente, estos datos saltaron a la prensa generalista, contenta de poder dar una recomendación de salud más atractiva que un cambio de dieta. Pasadas unas décadas, estos resultados han sido matizados, pero aún se consideran vigentes.

Pero ¿cómo puede la convivencia afectar a la salud cardiovascular? Dos hipótesis ayudan a entender los resultados. Una primera explicación apunta que las personas que conviven con perros suelen tener unas rutinas de cuidado que incluyen el paseo diario, que es una actividad saludable de baja intensidad recomendada por las organizaciones médicas. Es lo que se considera un efecto indirecto: el perro no cambia el nivel de salud, pero sí ayuda a reducir el sedentarismo, que es un precursor de problemas circulatorios.

Una segunda explicación se asienta sobre el mecanismo de condicionamiento clásico. Los perros son animales domésticos y el domicilio suele estar asociado al descanso (o, al menos, a un nivel de tranquilidad mayor que otros contextos). Las respuestas de nuestro cuerpo ante esta situación quedan asociadas a todos los elementos presentes, con el perro entre ellos. De un modo simplificado, el contacto con tu perro provoca reacciones automáticas parecidas a las de estar en casa. Este mecanismo explicativo es muy utilizado en las ciencias del

SHUTTERSTOCK

Los beneficios no son universales ni automáticos, sino que dependen en gran medida del vínculo establecido entre humanos y perros.

comportamiento y tiene un fuerte apoyo empírico. La investigación demuestra un descenso objetivo de diversos marcadores de estrés, incluyendo una menor presión arterial y una menor presencia de hormonas asociadas a la ansiedad, si bien estos efectos tienen una duración muy limitada.

Por lo tanto, los efectos de la convivencia sobre la salud física pueden ser entendidos mediante mecanismos directos e indirectos científicamente comprobados. Sin embargo, la investigación muestra que los beneficios no se derivan de la simple presencia del perro en el hogar, sino que depende en gran medida de la intensidad de la relación establecida y del compromiso con las conductas de salud como pasear o jugar con el animal.

BIENESTAR PSICOLÓGICO Y CONVIVENCIA

Los efectos de la convivencia con perros en el bienestar percibido son, probablemente, los más conocidos por el público general. Elementos como la mejora del estado de ánimo, una sensación de mayor seguridad o el combate contra la soledad tienen un gran protagonismo en medios de comunicación. Sin embargo, la investigación no arroja resultados tan simples.

En una primera lectura, la literatura científica parece mostrar un impacto claramente positivo de convivir con perros en el bienestar psicológico, incluso en población que presenta algún problema de salud relevante. Por ejemplo, las personas aquejadas de dolor crónico suelen comentar menor experiencia de dolor cuando viven con perros, y existen numerosos estudios que detallan mejoras en el estado de ánimo, incluyendo una disminución de síntomas ansioso-depresivos, en colectivos como las personas mayores que viven en centros residenciales. Estos resultados pueden ser explicados mediante mecanismos como el condicionamiento clásico (ya comentado anteriormente) o el rol de los perros como distractores (el dolor es una experiencia consciente, y empeora cuanto más te concentras en ella).

Sin embargo, los estudios que comparan el nivel de bienestar psicológico de personas que conviven y que no conviven con perros señalan más parecidos que diferencias. Incluso en estudios realizados a través de los periodos de cuarentena por la COVID-19, donde pasear al perro era una de las pocas razones para salir legalmente de casa, las diferencias han resultado ser pequeñas. En otras palabras, las personas que viven con estos animales no parecen ser más felices, ni tener menos dificultades, que aquellas que no lo hacen. Estos resultados pueden parecer poco coherentes con la experiencia personal de quienes comparten su vida con perros, por lo que merecen ser discutidos.

ANIMALES DE COMPAÑÍA Y RELACIONES SOCIALES

Los perros son considerados como parte de la familia con cada vez mayor frecuencia, y eso se refleja en varios aspectos. Por ejemplo, la investigación muestra que los perros son un apoyo muy relevante para muchas familias. Diversos estudios muestran que la evacuación en caso de desastre natural o la salida a centros de acogida en casos de maltrato de género se ven dificultados cuando las autoridades no disponen recursos para acoger a los animales de compañía, lo que da idea de la importancia de incluir la evaluación del vínculo entre humanos y perros en servicios y políticas sociales. Por otra parte, algunos estudios señalan que muchas personas que conviven con perros toman sus reacciones en cuenta al decidir si entablar una relación sentimental. Si no eres capaz de entenderte con su perro, ¡quizás lo vuestro no funcione!

En general, la investigación señala que los perros pueden ayudar a aumentar el confort en contextos sociales desconocidos, tanto del ámbito personal como profesional o escolar. Nuevamente, estos efectos pueden ser explicados a través de varios mecanismos. Además de ayudar a paliar la ansiedad que estas situaciones pueden generar, la compañía del perro puede representar un elemento distractor importante (acariciar o hablar sobre el perro ofrece una vía sencilla para romper el hielo con desconocidos). La investigación también señala que la apariencia del perro puede afectar a la probabilidad de entablar contacto social: así, mientras que las personas acompañadas por perros de aspecto fiero suelen recibir menos interacciones

SHUTTERSTOCK

El perro no cambia el nivel de salud, pero sí ayuda a reducir el sedentarismo, que es un precursor de problemas circulatorios.

espontáneas, las personas acompañadas por perros como golden retrievers o labradores ven multiplicadas sus opciones de interacción (un dato muy relevante para las personas acompañadas de perros de asistencia, como son los perros guía). Este resultado debe ser matizado en función del contexto cultural: las razas o fenotipos que repelen o facilitan la interacción dependen de cómo suelen presentarse en cine o televisión, más que del perro en sí. Es importante no fomentar prejuicios contra ninguna raza de perro.

INTEGRANDO LA INFORMACIÓN DISPONIBLE

En conjunto, la literatura científica apoya la existencia de beneficios derivados de la convivencia, aunque parece que estos no son tan simples y directos como cabría pensar en principio. Quizás el problema radique en intentar entender los beneficios como universales, como si los perros fueran «píldoras» o «medicamentos» capaces de provocar cambios con independencia de las personas implicadas y su contexto cultural.

A buen seguro, el lector conocerá ejemplos muy diferentes sobre el estatus que las familias reconocen a los perros. Así, mientras que ciertos hogares los consideran como un miembro más del núcleo familiar, en otros casos los canes son considerados poco menos que una posesión, sin tener acceso siquiera a la vivienda. Elementos como la experiencia de convivencia con perros, la intensidad del vínculo creado, la percepción de inteligencia, voluntad, emociones complejas y otras capacidades similares a las humanas parecen ser determinantes para entender los resultados de la investigación.

Un estudio desarrollado en Australia puede servir como ejemplo de cómo el estatus reconocido a los perros puede afectar a los beneficios obtenidos. Los investigadores notaron que las personas que convivieron con perros obesos perdieron peso en los meses siguientes a una visita veterinaria. Al parecer, la advertencia de que el sobrepeso podía provocar consecuencias negativas para la salud del perro sirvió a muchos de sus cuidadores para decidirse a iniciar nuevas rutinas de paseo. El ejemplo resulta ilustrativo porque invierte la causa y el efecto: no se perdió peso por algo que los perros hicieran, sino para que los perros estuvieran bien.

En resumen, convivir con perros aporta diversos beneficios a la salud humana, pero con matices. Estos beneficios no son universales ni automáticos, sino que dependen en gran medida del vínculo establecido entre humanos y perros. En consecuencia, no debemos confiar en que convivir con perros vaya a solucionar ciertos problemas (ni eliminan la soledad ni te hacen adelgazar). Aclarar esto no solo es científicamente adecuado, sino que conecta con una responsabilidad ética: no debe cargarse sobre los perros la responsabilidad de solventar problemas humanos complejos, porque no son herramientas ni medicamentos. Sin embargo, para las personas que disfrutan de su compañía y vínculo, la convivencia abre la puerta a un abanico de beneficios tanto objetivos como percibidos.

Entre niños y perros

RAQUEL RIBES DURÁN
Psicóloga

SHUTTERSTOCK

Después de la pandemia mundial de la Covid-19, una de las grandes afectadas ha sido la salud mental. Hemos sido víctimas de un suceso que ha afectado a nuestro bienestar emocional. Hemos visto de primera mano cómo no siempre disponemos de los suficientes recursos emocionales para hacer frente a tantas demandas del medio cambiante. La infancia, ligada a la preadolescencia, es una etapa importante para nuestro desarrollo donde, interactuando con los demás y con el medio, aprendemos nuevas capacidades. Después de la pandemia, en los niños hemos podido observar grandes dificultades de comunicación, carencias de habilidades sociales, trastornos de ansiedad, mayores miedos e inseguridades, problemas de autoconcepto, baja autoestima y falta de motivación, aspectos que nos alertan de la importancia de centrar nuestra visión en los más pequeños.

Todas estas problemáticas de socialización y autorrealización afectan al crecimiento socioemocional en una de las etapas clave de la vida: la infancia. Mientras los adultos, con el tiempo, normalizamos que «aguantar» es ser fuerte emocionalmente y que «el tiempo todo lo cura», no todo es resistir a largo plazo a un suceso o a una problemática, sino el ser capaz de recuperarse emocionalmente y aprender habilidades desde pequeños, a esto lo llamamos resiliencia. La resiliencia se aprende desde la infancia y se ha demostrado que los perros juegan un papel fundamental en el crecimiento emocional y el aprendizaje conductual de los niños.

¿CÓMO CONTRIBUYEN LOS PERROS EN EL DESARROLLO INFANTIL?

En la etapa infantil aprendemos mucho en poco tiempo: andar, hablar, escribir, relacionarnos con los demás, entender el mundo que nos rodea y adquirir los primeros valores. En definitiva, es una etapa crucial y cada vez hay más estudios que demuestran que los perros suponen un refuerzo importante, ya que a través de la socialización con ellos se transmiten muchos aspectos clave para un desarrollo mental saludable. A continuación, se mencionan alguno de ellos:

Vínculo canino

En primer lugar, resulta importante destacar el apego, que es un vínculo afectivo innato que el niño construye con sus seres

SHUTTERSTOCK

La resiliencia se aprende desde la infancia y se ha demostrado que los perros juegan un papel fundamental en el crecimiento emocional y el aprendizaje conductual.

SHUTTERSTOCK

El perro supone para el niño un «amigo fiel», transmitiéndole un instinto de protección que fomenta este apego saludable.

cercanos, lo que genera el primer aprendizaje de relación emocional. El tipo de apego que el niño forma en su infancia resulta de vital importancia, ya que en sus etapas posteriores se verá afectada su capacidad de comunicación, sus miedos, autoestima, autoconcepto e incluso la posible interpretación de su entorno. Un apego seguro se forma a través de un apropiado ambiente en el que tener referentes y recursos donde aprender sanamente. El perro en este aspecto proporciona un vínculo de convivencia social con el que interactuar y fomentar seguridad, con lo que evita la sensación de rechazo, abandono o temor. De esta forma, el perro supone para el infante un «amigo fiel», transmitiéndole un instinto de protección que fomenta este apego saludable. En este aspecto, la Real Sociedad Canina de España (RSCE) en la actualidad destaca la importancia de los lazos perro-infante en la superación de circunstancias con gran carga emocional.

Formando equipo

Por otra parte, no hay que olvidar la capacidad lúdica de un perro y de la importancia del juego en la infancia. Mucho más allá del entretenimiento y la diversión, el juego es una herramienta de aprendizaje. A través del juego, los niños pueden experimentar emociones, sentimientos, problemáticas de la vida cotidiana en un entorno controlado y practicar sus primeras tácticas comunicativas. De esta forma, el niño siente que el perro no va a juzgar sus actuaciones o la forma de sentir, por lo que permite la libre expresión de sensaciones. Además, al jugar con un perro se fomenta la coordinación, el sentimiento de equipo, el compañerismo y la cooperación. Continuando con este aspecto, también potencia la capacidad cognitiva, ya que estimulan la creatividad, la imaginación y, con ello, la capacidad resolutiva de problemas.

Desarrollando la inteligencia emocional

El perro babea, ladra, araña, corre, salta, olisquea, juega... por lo que supone un referente de sensaciones. Crecer emocionalmente junto a un perro permite experimentar las emociones básicas: la rabia, la pena, la alegría, el asco y el miedo, desarrollando así la inteligencia emocional desde edades tempranas. La inteligencia emocional es la capacidad de las personas de saber identificar emociones en unos mismos y en los demás, así como aprender alternativas de gestión de estas mismas. El perro es un miembro más de la familia y lo que pueda transmitirle el niño lo incorporará como parte de su aprendizaje. Siguiendo con las emociones, el niño, al estar en contacto con otro ser vivo, aprende la empatía, es decir, ser capaz de ponerse en el lugar del otro y ser compasivo con los que le rodean.

Aprendizaje social con el peludo

Tener a tu cuidado otro ser permite al niño reforzar valores como el respeto, la amabilidad, la cordialidad y la humildad hacia los demás. Cabe incidir que estos valores no son transmitidos por el perro, sino que los cuidadores de referencia, a través del perro, transmiten ese aprendizaje con más facilidad, ya que el niño puede ver la conducta hacia el perro.

Asimismo, creando un vínculo emocional también fomentamos no solo el respeto a los animales, sino también a la naturaleza y a otros seres y destacamos la importancia de aquello

SHUTTERSTOCK

No hay que olvidar la capacidad lúdica de un perro y la importancia del juego en la infancia.

que nos rodea y de cómo nuestra actuación deja huella. Ya en la *Teoría de Bandura del Aprendizaje Social* (1977) se destacaba la importancia de la facilidad con la que aprendemos la conducta, a través de la observación y la imitación desde pequeños. Al final, los niños son el espejo conductual de lo que les rodea, lo que ven es lo que aprenden.

También se puede observar una clara tendencia hacia la responsabilidad, al crecer junto a un perro, ya que permite reconocer la importancia de unos límites. Los límites son normativas que aprendemos desde la infancia, no son prohibiciones, sino la capacidad de saber decir «no» y diferenciar cuándo una actuación puede tener consecuencias fatales para nuestro bienestar. A través del perro, estos límites se inculcan con directrices de acto-consecuencia y el enseñar al niño a seguir instrucciones para evitar la frustración al no. ¿Cuántas veces un niño ha tenido una rabieta porque no ha obtenido lo que quería? Los límites enseñan que no siempre podremos tener lo que queremos, aunque lo pidamos. En este aspecto, ya se incorporan perros en terapias con niños con trastorno del espectro autista (TEA) y aquellos con déficit de atención e hiperactividad (TDAH), ya que les ayudan a gestionar mejor los tiempos y a aumentar su tolerancia a muchas situaciones sociales, estableciendo pautas. Facilitando así su interacción social frente a los problemas de comunicación, evitación, falta de empatía, movimientos repetitivos, etc. En cuanto a la generación de actividad, el perro permite crear rutinas, nuevos hábitos e incorporar el deporte y la actividad física, trasladando al infante la importancia de los tiempos en la rutina de la semana y la actividad al aire libre. Por supuesto, sin el perro también se crean rutinas y se establecen hábitos de convivencia. No obstante, con él es una responsabilidad que se incorpora con obligatoriedad para sus cuidados.

SHUTTERSTOCK

Existen clubs con perros donde se fomenta la lectura, como el programa R.E.A.D. de lectura asistida con perros en escuelas y centros de enseñanza de España.

Los perros como acompañamiento de procesos emocionales

Tener un perro a edades tempranas permite al niño experimentar el duelo en un ser querido. Es un proceso que en nuestra sociedad no terminamos de normalizar y entremezclamos las creencias con la realidad. Es de respetar cualquier creencia religiosa y cualquier forma de creencia *post mortem*. Sin embargo, es clave la forma en la que vive el niño la pérdida, ya que le ayuda a entender el duelo y ser consciente de la realidad de la muerte, sin colorearla. En este aspecto le permite afrontar futuras pérdidas familiares. Tirando de este hilo, cada vez se incorporan más los perros en procesos de aceptación de enfermedades raras o terminales en niños a edades tempranas y se crean con ellos actividades sensoriales y efectivas para promover sentimientos que generan bienestar. Además, ya se está poniendo en práctica la presencia de los perros en procesos judiciales, debido a que ayuda a paliar el momento de incertidumbre y ansiedad en juicios con menores, ya que se siente acompañado y disminuye la probabilidad de que interprete el entorno judicial como negativo, minimizando así el impacto psicológico de la experiencia. En este aspecto, Vanessa Carral, codirectora de Dogtor Animal, dedicados a las intervenciones asistidas con animales, subrayaba la importancia del estrés de un pequeño en estos procesos judiciales frente a personas que no conoce y de cómo la presencia del perro puede transmitir un entorno calmado.

Motivadores del aprendizaje académico

En la actualidad, cada vez se incorpora más la figura del perro en el ámbito académico como un agente motivacional para los niños. En las terapias asistidas con animales, uno de sus objetivos educacionales con niños de menos de seis años son el de facilitar la comunicación verbal y no verbal, con lo que mejora su articulación de palabras y el aprendizaje de vocabulario. Además, su incorporación en procesos de lectoescritura como compañero facilita la participación y potencia la confianza al hablar en público. Sobre esta perspectiva de intervención, ya existen clubs de lectura con perros en los que se fomenta la lectura, como el programa R.E.A.D. de lectura asistida con perros en escuelas y centros de enseñanza de España, demostrando con estudios que su aplicación mejoró en los niños su autoestima un 76 % más tras la participación en el programa.

LOS DATOS LADRAN

En la actualidad son cada vez más frecuentes estudios científicos dedicados a la investigación sobre los efectos beneficiosos de los perros en las personas, en este último año ya se han sumado algunas investigaciones más centradas en la etapa vital de la infancia. Destacando el estudio reciente del Departamento de Psicología de la Universitat Rovira i Virgili (Tarragona, 2021) con el que querían constatar las diferencias en el desarrollo socioemocional y socioafectivo entre dos grupos de infantes:

SHUTTERSTOCK

Cada vez se incorpora más la figura del perro en el ámbito académico como un agente motivacional para los niños.

aquellos que vivían con perros y aquellos que no. En el cual se demostraron evidencias significativas entre ambos grupos, de modo que los niños que crecieron con perros mostraron un mejor desarrollo afectivo. Además, Rifai Marco del Pont, en la Universidad Peruana de Ciencias Aplicadas (Lima, 2019), estudió cómo un vínculo positivo entre las mascotas y los niños ayuda a crear un autoconcepto positivo en los pequeños.

Profundizando en la salud física, un estudio de la Universidad de Alberta (Canadá, 2017) ratificó que el contacto de los niños a edades tempranas con perros es un estimulador del sistema inmunitario ante diferentes dolencias, generando una menor incidencia de alergias, al estar en contacto con diferentes microbios. Hay que recalcar que todavía quedan muchas incógnitas y muchas variables para aislar de cada una de las muestras, ya que el entorno y el tipo de implicación familiar en el perro influyen considerablemente tanto los resultados emocionales como los fisiológicos.

UN PERRO NO ES LA PANACEA

Para concluir y ligado a lo mencionado anteriormente, es posible que después de leer este artículo se quiera fomentar crecer junto a un perro. No les culpo, los resultados son muy satisfactorios, pero no surgen de la nada. La convivencia con un perro no es causa-efecto, se necesita tener en cuenta muchos factores. Uno de ellos y de vital importancia es el tipo de relación perro-infante. No hay que olvidar que el perro es un ser vivo; no es un objeto, ni es un juguete, ni es una medicina, por lo que no es la solución a los problemas de la infancia. Hay que tener en cuenta que transmitir el valor del perro como ser vivo y no solo como un juego es de vital importancia. De esta forma, el tipo de relación que se forme entre el niño y el perro condicionará su estilo de aprendizaje. Además, relacionado con el apego, para formar un buen vínculo, el perro tiene que convivir con la familia, no estar en una segunda residencia ni en un lugar apartado del núcleo familiar.

Sin embargo, resulta destacable la educación y la disciplina del perro en el entorno familiar, es decir, qué tipo de cuidados recibe a diario, si se ha incorporado una rutina establecida para sus necesidades, si tiene unos límites bien marcados o si su disciplina es positiva. Puesto que no solo son las responsabilidades alimentarias y de salud física, sino también proporcionar una adecuada salud mental y un aprendizaje básico para tener unos buenos hábitos.

Además, es importante valorar características como la estructuración familiar. La forma en la que están divididos los cuidados del perro dentro de los miembros, si el niño tiene también hermanos y de cómo es la relación social con los miembros de la familia, cómo es el vínculo padres-hijo y otros aspectos relacionados con el entorno familiar. Querer un perro no exime de otras responsabilidades emocionales y es importante saber que hay que tener los recursos necesarios para su cuidado. No todo el mundo puede permitirse tener una mascota, por ello, no podemos considerarla un capricho. En la actualidad, existe la posibilidad de probar la convivencia con un perro a través de la protectora de animales antes de tener uno a nuestro cuidado. No es solo un agente activo, también necesita de nosotros, ya que no es solo lo que puede aportar a los niños, sino todo lo que nosotros también le podemos aportar para su crecimiento y aprendizaje. Gracias a nosotros, el perro aprende a convivir en compañía y en sociedad. De modo que la relación perro-infante se basa en una simbiosis en la que se comparten conocimientos.

Detalle de uno de los mosaicos que decoraban los pavimentos del Gran Palacio Imperial construido por orden de Constantino, fechado entre los siglos IV-VI.

Este libro se acabó de imprimir en el mes de octubre de 2022
en QP Quality Print Gestion y Producción gráfica, S.L.
Molins de Rey (Barcelona)

Financiado por
la Unión Europea
NextGenerationEU

Plan de Recuperación,
Transformación
y Resiliencia